寫給全人類小孩看的科學魔法書

陸含英◎著

原書名：科學都是玩出來的

編輯序　科學也可以這麼好玩

　　孩子的眼睛就像萬花筒，他們眼裡的世界既神奇又美妙。平平淡淡的日常生活裡，小孩子也能發現「新大陸」，各式各樣的問題冒不停：為什麼我能不斷長高呢？玉米的「鬍鬚」是做什麼用的？天上的那片雲會不會掉下來……面對孩子的這些疑問，該怎樣科學合理地解答呢？在這本《寫給全人類小孩看的科學魔法書》裡，也有一位好奇心滿滿的小朋友，來看看他的問題是怎麼解開的吧！

　　本書的主角叫希希，是一個活潑機靈的小朋友。希希常常注意到生活中的有趣現象，也產生了不少疑惑，好在希希有虛心請教的好習慣，爸爸媽媽和老師都是他常常請教的「智囊團」。

　　書中將希希遇到的問題分成了幾大類。第一類是關於人體的，在「身體知多少」的章節，大家能發現很多身體的秘密。從指揮身體的「司令官」到運輸養料的「小水泵」，從柔軟蓬鬆的頭髮到堅硬的指甲……看過這章，小朋友們肯定會更瞭解自己的身體，知道怎樣愛護身體。

　　第二類問題是關於植物的。大家對植物都不陌生，青青的小草，高大的樹木，芬芳的鮮花……我們的生活中隨時可見植物的身影，但是，大家對植物夠不夠瞭解呢？知道嗎？植物有自己的小廚房，

有自己的小鐘錶，它們還會換衣服，聽起來是不是很有趣。植物世界裡還有很多高手呢！有的植物會跳舞，有的植物會走路，還有的植物會流血，這些奇特的植物真的存在嗎？看完這章大家就能找到答案了。

有了植物當然不能沒有動物，牠們可是大自然裡的重量級家族成員。「行行色色的動物」部分介紹了很多關於動物的知識。動物界裡有哪些害蟲？哪種動物唱歌好聽？海洋裡有哪些與眾不同的動物？本章都會一一解答。

瞭解完動植物，讓我們把目光轉向頭頂，增加一些天文和氣象知識。「頭頂有片藍藍的天」部分，將帶大家瞭解神祕深邃的宇宙和變換莫測的氣象。想知道太陽離我們有多遠？星星為什麼眨眼睛？太空人在太空有什麼奇妙經歷？本章都能告訴你。

知識儲備變多了以後，大家可以嘗試解決生活中的小問題。「身邊的大學問」將帶大家解密生活現象中隱藏的科學原理。我們的鞋底為什麼會有花紋？橡皮擦是怎麼擦掉錯字的？看 3D 電影的時候為什麼要戴眼鏡……生活細節裡蘊含的科學原理容易被人忽視，多瞭解一些可是有不少實際用途的哦！

《寫給全人類小孩看的科學魔法書》不僅知識點豐富，表現形式也很有趣，在講解原理的過程中，穿插了一些科學小遊戲，既好玩又實用。每小節末尾設有小知識板塊，拓展正文內容。再加上新奇幽默的配圖，大家讀起來是不是覺得非常好玩呢？

滿懷好奇的小朋友們快快翻開這本書，充實好玩的科學知識吧！

前言

　　小朋友們，你知道自己的眼睛裡有一個與眾不同的世界嗎？這個世界是奇妙的，在這個世界裡你能看到很多神奇的事物。同時，這些神奇的事物或多或少遮著面紗，讓你的心裡冒出大大小小的問號。小朋友們不用擔心，它們的面紗都能被科學知識揭開。如果有疑問，一定要開動腦筋，用科學把那個最好的答案給揪出來。這樣，你生活的小小世界就會在探索中慢慢變大，解開的問題越多，看到的神奇風景也就越多。

　　更好的風景總是留給那個更善於探索的孩子，他們在不斷地前行中會遇到很多意想不到的困難。透過克服層出不窮的困難，他們慢慢變得智慧、勇敢、開朗。親愛的小朋友，你願意讓自己成為一個智慧、勇敢的孩子嗎？那你可不能錯過這本書。

　　這是一本奇妙的科學書，主角希希是一個跟你差不多大的小朋友，他眼睛裡的世界跟你的世界一樣充滿疑問和挑戰。跟希希一起踏上征途，探索這個神奇的世界吧！書裡的夥伴們可以解開讓你困惑的問題，找到意想不到的答案。

　　小朋友們看到這本書厚厚的是不是有些擔心呀？不用害怕，這本書不是教科書，不會讓你感到乏味，它會用趣味來引領你，讓你

在非常輕鬆的氛圍裡學到很多很多的知識。

　　書中神奇的世界已經準備好了，希望每個閱讀本書的「你」，都可以開啟自己的夢想。小朋友們，你們每一個人都是最棒的，從現在開始，用知識來充實自己吧！知識可以給你的夢想帶來最好的開始，現在就出發，帶著快樂尋找答案吧！

主要登場人物：

希希

　　5 歲男孩。來自科學幼稚園的小朋友，鬼靈精怪，愛提問題。

希希爸爸

希希爸爸在設計公司上班，爸爸懂的知識特別多，還會做有趣的小玩具，希希特別特別喜歡爸爸。

希希媽媽

希希媽媽在花店工作，做的插花可漂亮了。悄悄告訴你們一個小秘密，媽媽做的大雞腿超級好吃哦！希希也特別特別喜歡媽媽。

希希的爺爺、奶奶

爺爺、奶奶已經退休了，他們喜歡種植花花草草。

花老師

科學幼稚園的老師，花老師笑起來很溫暖，唱歌也很好聽。

目錄

第三章 **行行色色的動物**

第四章 頭頂有片藍藍的天

第五章 **身邊的大學問**

第一章

身體知多少

紅紅的血液

一天，幼稚園上手工課，希希不小心被剪刀劃破了手指，那鮮紅的血像冒泡一樣流了出來，看著紅紅的血液，希希嚇了一大跳。還好花老師即時幫他止了血，還包紮了傷口。看著包好的手指，希希突然冒出一個問題：為什麼我們的血是紅色的呢？花老師聽後開

始耐心地給大家解釋。

　　我們每個人的身體都像一部精密的儀器，每部儀器都必須有血液，它是我們生命的泉源。人體內部的血液像一條流動的小河，在這條小河裡住著三位親密無間的兄弟——紅血球、白血球和血小板。

　　紅血球在三個兄弟中排行老大，它的外形像一個兩面內凹的小燒餅。紅血球老大在我們的身體內，猶如一個「搬運工」，專門負責運輸氧氣和養料，把它們送到身體各處。同時，它還擔任著一個要職：清潔工，負責把全身各處產生的二氧化碳帶到肺部，隨呼吸排出體外。

　　白血球排行老二，個頭在三兄弟中比較大，它是一個英勇善戰的「士兵」，平時負責在我們的身體內四處巡邏，一旦發現有病菌入侵，各處的白「士兵」便會迅速集中，包圍病菌，與病菌展開一張激烈的戰鬥，直至把入侵者徹底消滅。

　　血小板排行老三，在三兄弟中最小，個頭也最小，它的形狀十分不規則。血小板是我們身體裡的「醫生」，當身體某處受傷出血時，血小板「醫生」就會立即奔赴那裡，緊急集合，並分泌出一種凝血物質，使傷口處的血液迅速凝固，出血便被止住了。

　　此外，血液還能幫人們調節體溫，它能大量吸收體內產生的熱，還能將熱運輸到體表散發。

　　血液的小河裡除了「三兄弟」外，還有血漿，血漿是人體的「警衛員」。它通常為淡黃色，由水、蛋白質、葡萄糖、無機鹽和脂肪

等組成。而白「士兵」和「醫生」是沒有顏色的。顯然，紅色的血液是由「搬運工」紅血球染成的。

　　希希聽完，感覺很有收穫，原來血液裡藏著這麼多秘密呀！

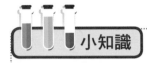

　　現在大家已經知道了，血液對我們非常重要，如果不小心受傷了，流血太多會有生命危險，這時就需要輸血了。輸血時有個問題需要注意，因為我們的血液有不同的型號，比較常見的有 A、B、O、AB 四種。另外還有 Rh、 MN、P 等血型系統。在輸血時一定要選擇正確的血型，才能發揮治療的效果。小朋友們可以問問爸爸媽媽，自己是什麼血型喔。

咚咚的心跳聲

　　晚上，希希跟媽媽躺在一起準備睡覺，屋子裡非常的安靜，希希聽到「咚咚咚咚」的聲音，仔細一找，原來是從自己的胸口發出來的。希希把小手放在胸口，感受到了咚咚跳的節奏感，像有隻小精靈在身體裡跳舞。希希感到很奇怪，他問媽媽，胸口為什麼一直

跳個不停呢？

媽媽告訴希希，我們的身體就像一個大城堡，每個角落都住著不同的小精靈，小精靈們分工合作，在自己的崗位上勤奮工作。

在我們身體的中央地區，有最重要的崗位——心臟，這裡的小精靈負責給其他地方的精靈運送糧食，以及帶走精靈們產生的垃圾。心臟裡的小精靈透過血管裡的血液來完成職責，因為血管遍布全身，能到達身體的每個角落。

可是，這跟咚咚的跳聲有什麼關係呢？原來，心臟就像一個小水泵，它要不停跳動，才能把血液輸送到身體其他地方。這樣其他器官就能得到養分，繼續充滿活力地工作。

你有沒有注意到，當你做運動的時候，自己的心是不是比平時跳得厲害呢？我們做運動的時候，身體也需要更多的能量和養分，心臟就要比平時跳得更厲害，讓血液的運輸更加迅速，讓其他器官更快地得到養分，維持工作。當我們休息時，比如睡覺，身體各處不再需要那麼多的養分，心臟需要輸出的血量也會減少，它的跳動就會變慢。

另外，當人們緊張時，心臟會很自然地加快運動，就像一個不斷奔跑著的運動健將，但一分鐘很少超過 150 次。由於跳動次數是逐步增加的，並不會使人體感到不舒服。

不同的人心跳快慢也是不一樣的。小朋友們可以數一數自己每分鐘心跳的次數，然後再數一數爸爸媽媽的，到時候你會發現一個

奇怪的現象——自己的心跳比爸爸媽媽的快。

　　這是因為，小朋友的心臟還未發育成熟，它的組成部分——心肌纖維還比較稚嫩，心臟力量小，所以每次心跳射出的血液比爸爸媽媽的少，為了滿足小朋友身體各部分的需要，它就得更加勤勞，加快跳動的次數。

小知識

　　小朋友們知不知道自己的心臟長什麼樣呢？請握起你的拳頭——你的心臟就是這麼大哦！心臟的形狀有點像桃子，上部比較寬，下部比較尖。把手放在胸口偏左的地方，這是心臟生長的位置，是不是感覺到跳動了呢？

頭髮為什麼會變白

　　爸爸帶著希希去理髮，理髮師的剪刀靈巧地上下飛舞，幫希希剪出酷酷的髮型。看著落下來的碎頭髮，希希想到了一個問題：為什麼我的頭髮是黑色的，而爺爺奶奶的頭髮是白色的呢？希希把心裡的疑問告訴了爸爸，爸爸想了想開始給希希講頭髮變白的秘密。

我們的頭髮也有生命，伴隨著我們從小到大一直成長。小寶寶還在媽媽肚子裡時，頭髮就開始形成了。所以剛出生的小孩就有嫩嫩的毛髮，這些毛髮會隨著小寶寶的成長發揮作用。

我們知道頭髮是個愛美的傢伙，它喜歡人們把自己打理得又漂亮又整齊。其實頭髮不光愛美，它對身體的功勞可大著呢！頭髮的作用主要是保護我們身體的司令官──頭部，細軟蓬鬆的頭髮具有良好的彈性，能為頭部抵擋一些輕微的碰撞，還能保溫和散熱，讓頭部不怕夏天的炎熱和冬天的寒冷。

但是，既然頭髮是有生命的，它就會隨著時間流逝慢慢衰老。頭髮裡有種成分叫黑色素，在頭髮年輕時，黑色素非常有活力。頭髮能得到源源不斷的黑色素，看上去烏黑發亮。時間慢慢地過去，頭髮老了，活力大不如前了。以前源源不斷的黑色素，現在只能斷斷續續地到來，到最後完全沒有了。沒了黑色素，頭髮上的黑色就會慢慢褪去。起初白色頭髮零零星星地出現，慢慢會佔據整個頭部，黑髮就變成了白髮。

雖然黑髮變成了白髮，但頭髮的其他作用並沒有減少，依然在為人們服務著。頭髮變白是正常的現象，就像小朋友總有一天會長大一樣，所以我們沒有必要擔心。

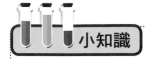

小知識

　　大多數東方人的頭髮是黑色的，而一些外國人卻有著其他顏色的頭髮，這是怎麼回事呢？其實頭髮的顏色色取決於頭髮毛囊的色素沉著而形成，這色素型態組合有真黑色素及褐黑素。一般而言，黑色素較多則髮色則較深，反之則較淺，因而在這兩個色素的不同比例的組合下，就會產生有棕色、紅褐色、紅色、金色⋯等髮色。當然啦，現在有了染髮劑，人們可以輕鬆地改變頭髮的顏色。

眼睛裡的大千世界

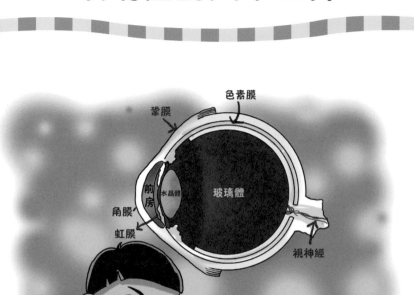

色素膜
鞏膜
前房
角膜
水晶體
玻璃體
虹膜
視神經

　　生活中，小朋友們無時無刻都離不開自己的眼睛。比如，看書識字、過馬路、辨別方向等等。如果我們沒有了眼睛，就會陷入一片漆黑之中。那麼，為什麼眼睛能夠看見這個美麗的世界？現在，花老師正好在給幼稚園的小朋友講解這個問題。

　　小朋友們用過照相機嗎？拿好相機，調整焦距，輕輕一按快門，「咔嚓」一聲，美麗的風景就被照下來了。其實，照相機就是根據我們眼睛的結構發明出來的。

　　我們的眼睛中，眼球是最主要的部分，它像一個裝滿水的水晶球。眼球可以分為眼球壁和內容物兩部分。

　　包裹在眼球外的是眼球壁，它最外面的一層叫鞏膜，鞏膜非常堅韌，像「鋼鐵俠」一樣保護著脆弱的眼球。鞏膜的前端是透明的，我們叫它角膜。

　　眼球壁的中層為血管膜，由前向後分別是虹膜、睫狀體和脈絡膜。透過角膜，便可以看到棕色的虹膜，也就是我們平時見到的「黑眼球」，虹膜中央有一個圓孔，這就是瞳孔，它可以擴大或縮小，像一道閘門，調節著進入我們眼睛中的光線的多少。脈絡膜是位「營養師」，含有豐富的血管和色素，負責供給眼球足夠的營養。

　　眼球壁的內層是視網膜。視網膜上分布著許多可以感受光線的「偵察兵」細胞，只要一有光線射在視網膜上，「偵察兵」們便馬上報告大腦首長，我們就能知道看見了什麼東西。

　　眼球壁裡包裹的就是內容物，裡面住了好多兄弟姐妹，有房水、晶狀體、玻璃體，其中晶狀體的作用最大。晶狀體住在虹膜的後面，就像一個中間厚四周薄的凸透鏡，當光線進入小朋友們的眼睛後，晶狀體就猶如「操作師」，把進入的光線匯聚在一起，形成一個像點，然後調節眼球，使像點落在視網膜上，我們的眼睛就看到東西了。

大家看，我們的眼球雖小，結構可是複雜著呢！

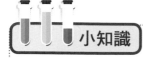

眼睛不僅能幫我們看東西，還能為我們表達心情，比如傷心的時候，眼睛會流淚。大家可不要小看淚水哦，科學家發現，傷心時流出的淚水會帶走一些有害物質，有益身體健康。其實，小朋友們不哭的時候，眼睛裡也有淚水，它們能保持眼睛濕潤，洗掉眼球上的灰塵。

漂亮的藍色眼睛

　　今天，希希的班上來個一個新同學，他長了一雙漂亮的藍色眼睛。希希和其他的小朋友都是黑色的眼睛，爸爸媽媽也是黑色的眼睛，為什麼這個小朋友的眼睛是藍色的呢？讓花老師來告訴大家吧！

　　小朋友們還記得我們提到過的虹膜嗎？眼睛的顏色就是它決定

的。其實虹膜還可以分成五層組織，分別是內皮細胞層、前界膜、基質層、後界膜和後上皮層。其中，基質層、前界膜和後上皮層中含有許多色素細胞，虹膜的顏色便是由這些細胞中的色素量決定的。色素細胞裡的色素越多，虹膜的顏色就越深，眼珠的顏色也就越黑；而色素越少，虹膜的顏色就越淺，則眼珠的顏色就越淡。

另外，色素細胞中的色素含量與我們的皮膚顏色也是一致的，並且與種族的遺傳有關係。因為東方人屬於黃種人，虹膜中色素含量多，所以，眼珠看上去呈黑色；而被我們稱為外國人的西方人是白色人種，虹膜中色素含量少，基質層中分布有血管，所以，他們的眼珠看上去呈淺藍色。

當然，不是只有外國人才有藍眼睛，有些虹膜中色素含量少的東方人也能有藍眼睛。

大家聽了老師的講解，總算明白了漂亮的藍眼睛是怎麼回事。

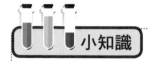
小知識

人們的虹膜和指紋一樣，沒有完全一樣的。科學家發現可以掃描虹膜驗證一個人的身分。利用這個原理，可以製造密碼鎖，只有掃描主人的眼睛，鎖才能打開，十分安全。

人為什麼會流鼻涕

中鼻道
蝶竇
鼻前庭
上鼻道
下鼻道
喉室

這天早上醒來，希希發現自己感冒了，而且還流黃鼻涕，鼻子塞住了特別不舒服。希希媽媽看到希希使勁擦鼻子，就問他：「寶貝，你知道人為什麼會流鼻涕嗎？」希希天真地用小手指著自己的鼻孔

說：「這裡不是有兩個小孔嗎？就是從這裡流下來的呀！」

媽媽哭笑不得地說：「你有沒有發現，身邊有許多人都會流鼻涕，尤其是傷風感冒時，鼻涕就像水龍頭裡的水一樣，接連不斷，不但非常難受，還把我們弄得髒兮兮的。可是這些鼻涕究竟是從哪裡來的呢？」希希搖搖頭，一臉不解地望著媽媽。

其實，在我們的鼻孔裡面，有一層黏膜，叫做鼻黏膜，它是鼻子內部所穿的一層「防護」衣，時刻保護著我們的鼻子。然而，它也經常受到病毒、細菌、異常氣體和冷空氣的威脅和攻擊，這些有害物質猶如兇惡的「小怪獸」，想摧毀鼻子的健康。這時，如果「小怪獸」過多的話，鼻腔內的這件「防護衣」就會被牠們打破，造成黏膜充血、腫脹，分泌物增多，最後形成鼻涕的模樣從鼻孔流出來。正常時，鼻涕像水一樣清，但如果被細菌感染了，就會形成黃色的膿涕，這時候，我們就需要去看醫生了。

當然，人們不只感冒、發燒或鼻腔發炎時才流鼻涕，我們的鼻腔裡面無時無刻都有鼻涕的存在。

流鼻涕不衛生、不雅觀，容易被別人叫作「鼻涕蟲」，但是，鼻涕有一個重要的作用，那就是像潤滑油一樣保護我們的鼻子不受傷害。它不僅可以濕潤吸進的空氣，防止鼻腔黏膜乾燥，還可以黏住由空氣中吸入的灰塵、花粉、微生物，以免它們刺激我們的呼吸道。所以，很多時候，黏稠的鼻涕也是保護鼻子健康的小衛士呢！

一個身體健康的小朋友，他的小鼻子每天都會處理掉好幾百毫

升的鼻涕，但是小朋友並沒有天天不停地流鼻涕。那麼多的鼻涕究竟都跑到哪裡去了呢？原來，其中一小部分是被蒸發掉了，還有一小部分乾結成了鼻屎，大部分是被我們吞進了身體裡。鼻腔黏膜上長著纖毛，這些纖毛就像廠房勤勞的工人一般，會從前面向後擺動，鼻涕也就這樣被送到了我們的咽喉部，進入身體。

另外，除了鼻子產生的鼻涕，還有一部分鼻涕其實是我們的眼淚。研究發現，眼睛中的淚腺也會無時無刻地製造淚水濕潤眼睛，我們之所以不會整天眼淚汪汪的，是因為在鼻子和眼睛之間有一條小小的通道，我們叫它「鼻淚管」，一些淚水就這樣順著鼻淚管流到了鼻子裡，最後成為了鼻涕的一部分。

如果小朋友傷心大哭起來，那麼，一部分眼淚就會像小豆子一樣從眼角流出來，而大部分還是會湧進鼻腔，讓你的鼻子開始「抽泣」，於是就有了「一把鼻涕一把眼淚」的說法。

小知識

我們的鼻子屬於呼吸道的一部分，向裡連著氣管和肺，鼻子可以給吸進來的空氣加濕，還能過濾掉髒東西。另外，鼻子還有個重要的作用，它能幫助我們發聲，大家試著讀一讀「安」和「昂」，有沒有感覺到鼻子裡的共鳴呢？

是不是年齡越大，個子越高

　　希希媽媽每個月都會給希希量身高，每次看到自己又長高了，希希就非常高興，但是，他不知道自己到底能長多高，他問媽媽：「是不是我的年齡越大，我的個子就會越高呢？」

　　媽媽說，雖然希希從小到大身高一直在不停地增長，但是，身高可不是從小到老一直都會增高的哦，它的生長是有階段的。

　　是什麼在支撐著我們的身體呢？是什麼讓我們的身體一直長高呢？很多小朋友都能給出答案，那就是骨頭。我們身體裡一共有兩百多塊的骨頭兄弟，就是我們長高的關鍵。

　　小朋友們喝過補鈣口服液嗎？有沒有想過為什麼要補鈣呢？原來，骨頭兄弟的主要成分是鈣，鈣是骨頭不斷變大不斷變高所用的原料。身體裡的鈣大多來自食物，如果小朋友沒有均衡飲食，發生了缺鈣現象，就需要吃鈣片或喝補鈣口服液了。

　　小朋友們注意到了自己的身體在慢慢地長高，但是，有沒有注意到爸爸媽媽的個子好像一直都沒變呀！為什麼爸爸媽媽不長高呢？

　　其實，爸爸媽媽已經過了長個子的年紀了。骨頭兄弟不光有著幫人長高的職責，還會幫助人們變得強壯起來，只有高個子，沒有強壯的骨頭是無法支撐起身體的。

　　人們身體裡的骨頭會一直長高到 20 歲左右，再長下去身體太高，活動就不方便了。於是骨頭兄弟們就會約好一起停止長高，但是並沒有閒著，而是去忙著加固每一塊骨頭。這樣，我們不光有了高高的個子，還有了強壯的身體。

　　所以，個子並不是長得越高越好，我們不光要個子高，也要身體強壯。

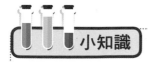

　　人的身高不會無止境地生長，到了二十歲左右，身高就基本不會再有什麼大的變化了，但是小朋友們會發現，我們見到的大人有的個子高，有的個子矮，這和人們的遺傳基因有關係，如果爸爸媽媽個子都比較高，生出的寶寶長成高個子的可能性也比較大。

堅硬無比的骨頭

　　星期天，希希媽媽準備為家人做一頓大餐，其中就有希希最愛喝的骨頭湯。不過，媽媽每次都剁不開骨頭，需要爸爸的幫忙。希希問爸爸，這些骨頭為什麼這麼難剁開呢？

爸爸告訴他，骨頭在動物的身體裡起著極為重要的作用，我們人類的身體裡就有多達 206 塊骨頭。要想明白骨頭為什麼這麼硬，就要知道骨頭是怎麼構成的。

　　骨頭由骨質跟骨髓共同組成。骨質主要由鈣與磷構成，在骨頭的外圍形成空心的管狀，管子堅硬無比，就算用錘子也不容易撼動。骨髓填充在管子的空心裡，它是骨頭中的老大哥，負責指揮骨頭的生長，讓堅硬的骨質包裹著柔軟的骨髓緊密地連在一起，使骨頭又硬又韌。

　　骨頭如此堅韌，這也是人們稱那些脾氣與態度堅決的人為「硬骨頭」的原因。不過堅硬的骨頭也有怕的東西，那就是醋。如果將骨頭丟入醋裡，醋裡的醋酸就會使外層的骨質慢慢溶解，最後只剩下內部柔軟的骨髓。

　　組成骨頭的主要成分是鈣跟磷。其中鈣佔了絕大多數，所以要是想保持骨頭外剛內柔的性格，就一定要注意多吃含鈣多的食物，為骨頭提供充足的生長原料，讓它不斷變強。小朋友平時可以多吃乳製品、蝦皮、蟹之類的食物，它們都含有豐富的鈣質。

　　小朋友們知道骨頭為什麼這麼堅硬了吧！別忘了不能挑食哦！如果缺少了骨頭需要的營養，它可是會變脆弱的。

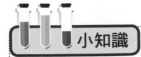小知識

堅硬的骨頭成長起來並不容易。骨頭先生長出新的骨細胞，這些骨細胞穿著一層特殊的棉衣，科學家稱這層棉衣叫「骨基質」，能讓骨頭變硬的鈣就儲存在基質裡，就好像棉絮包在棉衣裡似的。隨著骨細胞成長，鈣越堆越多，骨頭也就越來越硬了。

骨頭折斷了為什麼還會長出來

幼稚園裡，小朋友們在一起玩溜滑梯，忽然，軒軒哇哇大哭起來，花老師趕緊過來，發現他不小心跌倒，摔傷了胳膊。花老師趕緊把軒軒帶去了醫務室。

軒軒回來的時候胳膊上纏著厚厚的繃帶，老師說，軒軒的胳膊

骨折了，要好一段時間不能動。希希一聽很著急地問：「軒軒的胳膊折斷了，還能長回來嗎？」老師拍了拍希希的肩膀，開始給大家講解折斷的骨頭是怎麼長起來的。

小朋友們已經知道了，我們的身體裡有兩百多塊骨頭，這麼一大家子骨頭兄弟們，彼此互幫互助，在身體裡一共擔任著五個職責：一是保護我們身體裡的各個器官；二是支撐我們的身體；三是製造身體所需要的血液；四是儲存我們身體裡的一部分養分；五就是它的運動功能，是它們支撐著我們走路、運動等。骨頭讓小朋友們都有了一個健康的身體，讓小朋友們長得更高，長得更壯。

通常小朋友們容易骨折的地方是胳膊或腿部，因為這些地方的運動量最大。骨折的消息由身體裡的「信號員」──神經，風馳電掣地傳達給大腦「司令官」。這樣小朋友就會知道自己受傷了，需要去醫院處理傷口。

醫生會用藥處理好骨折的地方，還會用石膏固定一下，保護傷口，剩下的工作就交給骨頭的兄弟們啦！骨頭兄弟們的感情很深，如果小朋友不小心骨折了，其他的骨頭們都會擔心這塊受傷的骨頭。骨頭們會從大腦司令官那裡得到命令，暫緩一下長個子的任務，先幫骨折的骨頭恢復健康。

骨頭們調集更多的骨細胞前往骨折交匯處，骨細胞們開始在那裡集結，它們首先佈滿骨折的兩頭，然後開始讓身體裡的鈣慢慢在骨細胞裡沉澱，骨細胞越來越硬，而骨折的縫隙越來越小。大概經

過幾十天的時間，骨折兩頭的骨細胞終於連在了一起，這樣骨頭就完全癒合了。小朋友就又能開開心心地去玩了。

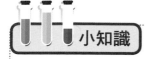

小知識

　　骨頭生長是很慢的，在二十歲之前，我們的骨頭主要負責長高，沒有太多力氣加固自己，所以，正在長身體的小朋友骨頭比較脆弱。等身體不再長高了，骨頭就換了工作，忙著使自己變得更堅硬，在我們三十五歲之前，骨頭將一直為這個忙碌著。

手指上的「小盾牌」

　　希希放學後，坐在沙發上跟媽媽一起看電視。媽媽對希希說：「希希，你的指甲又長長了，媽媽要幫你修剪一下。」希希看看自己的指甲，問：「媽媽，為什麼我們的指甲會長長呢？妳幫我剪指

甲的時候我怎麼不會感覺到痛呢？」

媽媽告訴希希，其實，在每個人的指甲下面都隱藏著一個指甲製造基地。這個基地很隱蔽，在基地裡，有很多「機器人」在辛勤的工作著。它們每天把我們的表皮細胞改造成另外一種硬硬的細胞，然後把這些硬硬的細胞堆積在我們的指甲根部。由於這些「機器人」不斷地堆積，指甲就慢慢地長長了。但是，指甲的生長速度是很慢的，一天只有零點幾毫米，比一張紙還要薄很多，所以，我們是看不到指甲的生長的，只有等待一段時間，才會發現指甲長長了。告訴你一件有趣的事情，每個指甲的生長速度是不一樣的，我們的中指指甲是生長最快的，而小拇指指甲生長得最慢。指甲的生長速度還跟一些習慣有關，例如，愛咬指甲的小朋友，指甲因為受到不斷的磨擦刺激，生長速度就會相當快。

指甲可不是越長越好的。指甲越長，越容易隱藏很多細菌間諜，會在我們不注意的時候，偷偷溜進身體裡面，從內部破壞身體的堡壘，讓我們生病。所以，小朋友要經常洗手，常剪指甲。

為什麼剪指甲不會痛呢？指甲硬硬的，就像一面面閃閃發亮的小盾牌，我們的雙手有了「盾牌」的保護，手指就不容易受傷害。指甲跟我們的頭髮一樣，都是從根部開始長的，最上面的是最老的指甲，這些指甲其實已經沒有生命了，即使剪掉，人也不會覺得痛。

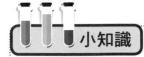

小知識

　　小朋友們伸出手來，觀察一下自己指甲生長出來的部位，是不是看到了淺色的「小月牙」？指甲生長的快慢，會影響這個月牙的大小。大拇指活動量大，指甲生長得快，月牙就比較大；小指頭活動量小，指甲生長慢，月牙就小，有時可能都看不到。

為什麼會分為男孩和女孩

今天，媽媽帶希希去了阿姨家，阿姨上個月生下了一個小妹妹，胖嘟嘟的非常可愛。希希看到小妹妹又冒出了一個問題：為什麼會分男孩和女孩呢？媽媽和阿姨聽後都笑了起來，兩人開始解釋給希

希聽。

小朋友們知道生下小寶寶的人是媽媽，但是，沒有爸爸也是不行的，因為爸爸媽媽的分工不同。而小寶寶長得又像媽媽又像爸爸，則說明了小寶寶分別從爸爸媽媽那裡得到了他們身上的東西。只有爸爸媽媽的同時參與，才會有小寶寶的誕生。

在生育小寶寶時，媽媽的子宮裡提供了卵子，就像一個大房子裡有了一位公主。而爸爸提供了精子，就像一位王子在門外等著去見公主。二人看到對方走到了一起，最後結合成了受精卵變成胚胎。而胚胎就是小寶寶的雛形，小寶寶這時還分不出性別，因為我們需要知道王子，也就是精子的性格。精子會有兩種性格，一種是 X，另一種是 Y。這是從爸爸的 XY 那裡隨機遺傳而來的。而卵子只有一種性格那就是 X，因為母親是 XX。那麼很明顯 X 是女生的性格，如果兩個 X 遇到一起那也肯定是女生。如果有男生性格的 Y 跟 X 的卵子相遇。那麼胚胎就會是 XY 的性格，這是男生的性格。

這就是沒辦法提前預測寶寶是男是女的原因。因為並不只有一個王子要見公主，門外有著千千萬萬個王子，我們無法知道到底是哪個王子見到了公主。只有在胚胎發育一段時間後才能看出性別，從而知道到底是 X 還是 Y 性格的王子見到了公主。

而男女的出現也是大自然母親的一種繁育形式，有了男女才能讓人類繁衍下去，而男女各自適合不同的工作，於是男女互相配合。讓人類在地球母親的懷抱裡永遠繁衍下去。

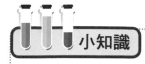

　　決定小寶寶性別的東西住在叫做染色體的房子裡，每個人都有自己的染色體，它就像一個資料庫，裡面詳細記載了我們的身體資料：我是雙眼皮還是單眼皮，我的頭髮是什麼顏色的，我的皮膚是什麼顏色的……這些資訊是爸爸媽媽留給我們的，所以，孩子常常和爸爸媽媽長得很像。

雙胞胎長得很像的奧秘

　　希希的同學歡歡和樂樂，是大家都很羨慕的一對小姐妹，她們的臉長得很像，還穿一樣的衣服，背一樣的書包，還有一樣漂亮的髮型，小朋友們常常會把兩姐妹認錯。希希一直都不明白，為什麼會有長得一模一樣的姐妹呢？

回到家，希希問媽媽：「為什麼我沒有一個雙胞胎的兄弟或姐妹呢？」媽媽說：「生雙胞胎的機率很低，希希雖然沒有雙胞胎的兄弟姐妹，但是，希希也不會孤單呀！你有爸爸媽媽陪著呢！」希希對媽媽的回答並不是太滿意，於是，媽媽開始細心講解為什麼雙胞胎長得很像。

　　雙胞胎有時候不光看上去一樣，甚至舉止、性格、愛好也一樣，為什麼這麼相似，這還得從雙胞胎最初的時候說起呢！

　　希希已經知道媽媽在孕育小寶寶之前會排出卵子，而爸爸會排出精子，當兩個細胞相遇時會相互融合，變成一個受精卵，然後演化成胚胎，也就是小寶寶的雛形。不過這個受精卵細胞是一個非常有個性的細胞，多數時候它會很平靜地完成變化，慢慢分裂發育，最後變成一個小寶寶。而頑皮的時候，會突然變成兩個一模一樣的胚胎，然後再進行分裂。由於有了兩個胚胎細胞，於是就有了兩個小寶寶。而這兩個胚胎細胞是從一個受精卵變化而來的，所以這兩個胚胎是完全一樣的，它們從同一個卵細胞裡繼承遺傳物質，長大後彼此會長得很像。

　　希希理解了雙胞胎產生的奧秘，雖然沒有長得一模一樣的小姐妹，自己也不孤獨，自己有爺爺奶奶、爸爸媽媽的疼愛，還有很多的好朋友。

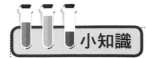

小知識

　　很多雙胞胎不僅長得一樣，性格和愛好也比較接近，
我們知道記錄寶寶資訊的染色體來自爸爸媽媽，雙胞胎寶寶
從爸爸媽媽那裡拿到的資訊很相似，當然就會有許多相像的
地方啦！

人著涼了為什麼會拉肚子

　　夏天的時候，希希總愛不蓋被子睡覺，爸爸媽媽夜裡要悄悄地過來給希希蓋上，到第二天，被子還是被希希給踢到了一邊，希希醒來就感覺肚子不舒服，跑到廁所去拉肚子，半天都不出來。

　　每天晚上，媽媽都會在希希睡覺前叮囑他蓋好被子，希希說：「晚上不冷，可是為什麼不蓋被子還是會拉肚子呢？」

　　拉肚子也叫腹瀉，絕大多數拉肚子的症狀都是著涼造成的。拉肚子就像跟小朋友們捉迷藏一樣，平時蓋好被子睡覺的時候它不會找過來，一旦小朋友們放鬆了警惕，睡覺的時候踢掉了被子，它就突然跳出來，讓小朋友們拉肚子。

　　其實，肚子是個很脆弱的地方。我們的腸胃處在那裡，腸胃負責消化和吸收食物，再轉換成營養提供給我們。胃跟腸道的工作是很繁忙的，到了夜裡，它們也很累了，也需要適當的休息。休息時需要給肚子蓋好被子做好保溫。如果夜裡不注意給腸道保溫的話，受涼的腸道會感到非常不舒服，它會開始增加腸道的蠕動，來緩解寒冷。但是這樣做並不能解決肚子保溫的問題，所以本來就很勞累的腸道又跟寒冷戰鬥了一夜。當小朋友第二天醒來的時候，很快就會感到肚子不舒服，飛奔著跑去廁所了。

　　要想不拉肚子就要避免腸胃著涼，小朋友的腸胃比大人的更為嬌嫩，更加需要好好呵護。只要給肚子做好保溫，就能讓腸道安心地休息，不再增加蠕動。腸胃晚上休息好了，第二天就會有個好心情，開開心心地進行新一天的工作，小朋友也不用擔心拉肚子了。

　　這下大家知道了吧！以後晚上睡覺一定要記得把被子蓋好喔！

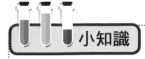

小知識

　　有不少小朋友嚐過拉肚子的苦頭吧！其實除了著涼以外，還有一些因素會讓人拉肚子。比如吃了太多不容易消化的食物，或者吃了變質的食物、沒有煮熟的食物，都有可能導致腸胃不舒服或拉肚子。嚴重的情況，還會有生命危險。所以，小朋友們在吃東西的時候可要多注意哦！

為什麼要打預防針

　　希希最討厭的事情就是打預防針，每次聽到媽媽對他說：「希希，該打預防針了。」他就精神緊張。

　　和希希一樣，很多小朋友一提到打預防針，腦海裡瞬間浮現出

尖尖的針頭，和針頭打進身上那種痛痛的感覺。打預防針有那麼可怕嗎？其實一點也不是，不但不可怕，反而還有好處呢！

　　希希就非常想知道小朋友們為什麼要打預防針，而爸爸媽媽就不需要打預防針呢？今天，花老師解開了他心裡的疑問。

　　首先說說為什麼要打預防針。一般打針有兩種可能性，一是病了需要打針治療，二是沒病但需要打針預防生病。我們如果能及時打預防針，就能提前預防一些疾病，免除了生病打治療針的痛苦。

　　小朋友們看到預防針的針管細細的、小小的，是不是覺得沒什麼了不起的。其實，在這些液體裡蘊藏著無數的「小士兵」，它們的任務就是增援小朋友們身體裡的防線，抵擋膽敢入侵小朋友們身體的病毒，讓小朋友們可以健健康康地成長。

　　為什麼爸爸媽媽不用打預防針呢？原來，小朋友們出生以後，從媽媽身體裡帶來的免疫力會逐漸消失，小朋友們的身體還沒和外界接觸太多，比較脆弱，容易受到病毒的入侵。為了防止小朋友們生病，需要打預防針。小朋友們慢慢長大，身體的免疫系統也會加強，就不需要打預防針了。

　　而且，小朋友們不用害怕，預防針通常是非常小的針，打一下就跟被輕輕地掐一下一樣，並不像小朋友想得那麼痛哦！

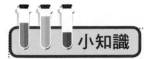

小知識

　　打預防針雖然很重要，但並不是所有小朋友都適合。如果小朋友正在生病、發燒，或者體質比較特殊，要注意先諮詢醫生，在身體狀況適合的時候再打預防針。

夢裡花落「記」多少

昨天下午，希希跟小朋友們一起踢球，玩得非常累，吃過晚飯就開始睡覺了。迷迷糊糊的，他做了很長很長的夢，早上醒來卻記不清楚夢到了什麼。希希覺得很奇怪，跑去問媽媽：「為什麼我想不起來做了什麼夢呢？」於是媽媽一邊準備早餐，一邊給希希講做

夢的知識。

　　做夢跟人的大腦有著密切的關聯。大腦是一個非常有個性的器官，與別的器官有著本質的區別，它有自己的喜怒哀樂。當大腦休息時，它很不喜歡被外界的刺激打擾，於是大腦會進入深度的睡眠，避免打擾。進入深度睡眠需要一個過程，並不能在一瞬間完成。在進入深度睡眠的這段時間裡，外界的資訊還能或多或少地傳到大腦裡，大腦被迫接受了這些資訊，於是夢仙子就到來了，人就進入了夢境之中。

　　大腦在睡著後的一到兩個小時進入深度睡眠，往後就開始慢慢地變淺，一直到大腦醒來。大腦剛入睡的時候，處於高度的自我抑制之中，這時的夢仙子就好像在跟人玩捉迷藏，忽隱忽現，時有時無，人們很難記住這段時間作的夢。夢仙子的面紗會隨著深度睡眠的結束慢慢揭開。在長夜過去，清晨到來，大腦將醒未醒的時候，大腦對自己的抑制最少，人們基本能記清夢仙子在這段時間都告訴了自己什麼。醒來之後，人們能夠記住這段時間的夢境。

　　小朋友們有沒有聽說過「日有所思，夜有所夢」？這種說法是有科學依據的哦！白天，人們遇見的事物會在腦海裡留下印象，大腦對新鮮事物的記憶比較深。我們都知道，平日裡印象深刻的東西不容易被我們忘記，而且，它們更容易引起大腦的興奮。當夢仙子來訪的時候，大腦的某些部分還保留著白天興奮時的痕跡，白天經歷過的事情就比較容易出現在夢境裡。

小朋友們知道了吧！做夢其實是大腦沒有完全休息造成的。

小知識

　　小朋友們知不知道自己每天會做多少夢？據科學家統計，人們平均每天會做 6 ～ 7 個夢。如果做夢的時候剛好醒過來，才會記住這個夢。所以，起床後覺得自己沒做夢，不代表真的沒做夢哦！

第二章

探秘植物大世界

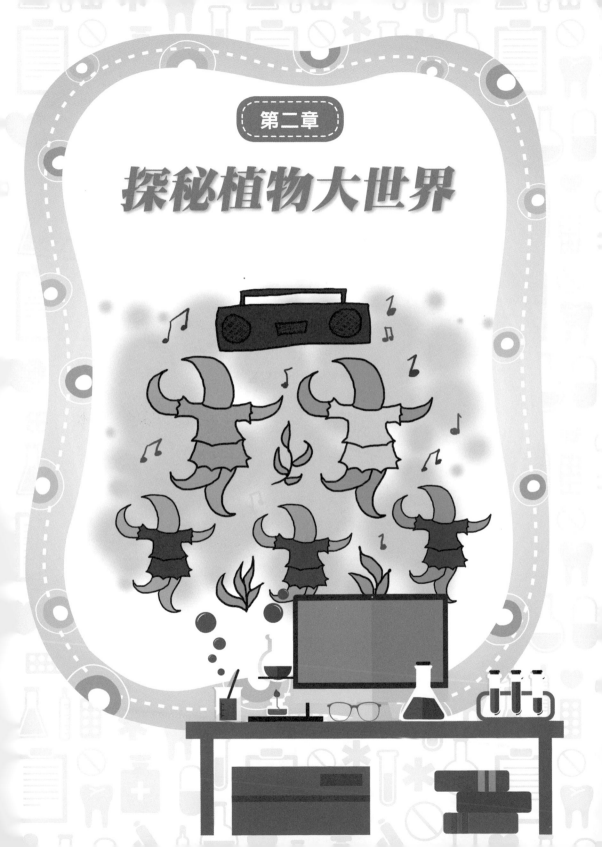

植物的小廚房

　　希希媽媽在廚房準備晚餐，希希和爸爸在客廳一起讀故事，這時媽媽突然喊：「希希快看，我們種在陽臺的小花發芽了！」希希飛快跑過去，果然看到零零星星的小苗冒出了頭，爸爸告訴希希，

再過一段時間小苗就能長大開花了，希希高興得又蹦又跳。媽媽笑著招呼父子倆吃飯，希希突然問：「我們人要每天吃飯才能長大，小苗是吃什麼長大的呢？」

其實呀，植物和人一樣，要想健康地長大，身體也必須汲取營養。

在綠葉植物的身體中，每片葉子就好像一個小廚房，每個廚房都有廚師，植物的飯就是這些廚師做的。這些廚師的名字叫葉綠素，它做飯用的配料是二氧化碳和水。

身為廚師，葉綠素不僅做飯好吃，而且也十分勤快。但是，如果沒有太陽公公的火爐，再棒的廚師也做不出飯啊！所以，葉綠素要等太陽出來以後，利用陽光將水和二氧化碳燒成美味的飯菜，這些飯菜還有好聽的名字，分別叫做糖、纖維素、澱粉。小植物就是吃這些飯菜慢慢長大的。

小朋友們有沒有發現，有些養花的老爺爺總會時不時的將花盆搬出來曬曬太陽，就是因為陽光可以促進植物的生長，對植物來說是必不可少的。

有些時候，植物不僅吃自己製造的食物，也會吃人類給它們的食物。農民伯伯種糧食和蔬菜的時候，就會給它們澆水、施肥，就是在給植物「加餐」呢。透過自身的努力和外界的幫忙，小植物就能成長得更快、更健壯！

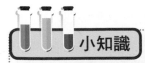小知識

　　植物小廚房裡做出的美食，不僅植物享用，人類和動物也會吃到。比如我們吃的甜甜的蘋果、香香的玉米，都是植物的廚房裡做出來的澱粉、糖分組成的。植物的小廚房也是我們的廚房呢！

會跳舞的植物

　　今天，爸爸幫希希買了一套百科全書，希希特別喜歡書上講到的各式各樣的植物，爸爸一邊陪著他看書，一邊給他講更多關於植物的有趣故事。

大自然裡有許多神奇的植物，有的植物還會跳舞呢！

跳舞草就是一種會跳舞的植物。跳舞草是種小灌木，喜歡溫暖，在陽光的照耀下，不到一星期就會快速長大。它的身材修長，穿著綠色的衣裙，會用舞蹈向大家傳遞幸福歡樂，所以跳舞草的花語就是快樂。只要有人對著它輕輕的哼唱，你就能看見它美麗的舞姿，她的葉子會輕輕地擺動，翩翩起舞，像一個優秀的舞蹈家。

有意思的是，跳舞草對音樂非常敏感。如果你播放一段優美抒情的樂曲，它就會像一個亭亭玉立的女子，綠衣飄飄，舞弄著衣袖，情意綿綿。但是，如果它聽到的是雜亂無章、亂七八糟的噪音，就會一動也不動。看來，跳舞草是在用行動告訴我們，它不喜歡這種低俗的音樂哦！

更有趣的是，當夜幕降臨時，跳舞草會將葉子輕輕地收起，像人類一樣打起呼嚕睡起大覺，或許是因為白天表演了一天太累了吧！但是當第二天太陽升起的時候，跳舞草的葉子又會慢慢地張開，然後生機勃勃地繼續舞蹈。

在大自然的懷抱中，還有另外一個舞蹈家，它有綠色的小葉子，名字叫做含羞草。但是它的舞姿特別的簡單，從頭到尾就只會一個動作。

含羞草的性格內向又害羞，所以總是不敢大膽地跳一支完整的舞蹈。而且，你知道嗎？它每次跳舞都需要別人的鼓勵，要用手輕輕地碰碰它們，或者輕輕地撫摸它們，它們才會微微地閉合自己的

手腳，扭一下腰肢，動作輕緩，細慢的舞姿就彷彿是打了一個哈欠。真沒辦法，含羞草總是在害羞，一知道有人在看它跳舞，就又很害羞地收回手腳縮成了一團。

　　含羞草也喜歡溫暖的陽光，不喜歡寒冷的冬季。但是，含羞草也喜歡有一點陰陰的天氣哦！

小知識

　　含羞草除了會跳舞，還有個神奇的本領——預報天氣。含羞草葉頸部有一個小鼓狀的薄壁細胞組織——葉褥，在葉褥裡充滿了水，當含羞草葉子一振動，葉褥下部細胞裡的水分立即向兩側流去，葉褥下部便癟了下去，而上部卻鼓起來，葉柄便下垂了，葉子閉合。所以葉子的閉合與張開，是因葉褥的膨壓作用所引起的。而葉褥的膨壓作用與空氣中的濕度密切相關，在空氣濕度很小時，葉褥的膨壓作用明顯，葉子的閉合與張開速度快；在空氣濕度很大 時，葉子的開合速度便慢。所以含羞草葉子開合速度的快慢，間接地反映了空氣中濕度的大小，可以作為天氣預報的參考。

會走路的植物

　　今天，爸爸又幫希希認識了幾種奇妙的植物，它們可是會「走路」的哦！

　　人會走路，動物也會走路，那麼植物也會走路嗎？小朋友們都知道植物是紮根在土裡的，一輩子一直在一個地方。但是，在世界

上真的有植物是會走路的。你相信嗎？

　　小朋友們知道風滾草嗎？這是一種既有趣又奇特的走路植物。每當氣候乾旱、嚴重缺水的時候，它就會從土壤裡走出來，變成一個圓球狀，又輕又圓，只要稍有一點風，它就能隨風在地面上滾動。一旦滾到水分充足的地方，圓球就迅速地打開，恢復「廬山真面目」，根重新再鑽到土壤裡，安居下來。如果水分又不足了，或者它住得不能稱心如意時，它還會再一次選擇旅遊的生活。

　　世界上並非只有風滾草會走路，卷柏也是種會走路的植物，有水就住下，無水就遠走他鄉繼續流浪，隨著風移動自己的方向，直到能夠找到一個自己喜歡並且有水的地方，才會停住腳步。難怪有人稱它為植物王國中的「旅遊者」。

　　還有一種叫甦醒樹的植物，它很喜歡喝水，一旦覺得現在住的地方缺水了，它就會拔地而起，離開自己的家園，尋找更好的地方。

　　另外一種會走路的植物叫野燕麥，是禾木科植物，它可以靠濕度的變化來走路，野燕麥的種子外殼長著一種像腳一樣的芒，當地面的濕度增大的時候，芒就會伸展，濕度變小時就收縮，野燕麥就是靠這種一伸一縮的過程不斷地前進。

　　居然有這麼多種會走路的植物，小朋友們是不是覺得大自然真的很神奇呢？

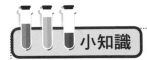

小知識

　　卷柏會走路的本領也是被環境逼出來的。卷柏喜歡生長在向陽的山坡上，這類地方存不住水，如果長時間不下雨的話，卷柏就只能收拾行囊「搬家」了。

會流血的植物

　　小朋友們都知道，人受傷了會流血，大家知不知道，植物也是會流血的呢？現在，希希爸爸就在給希希介紹會流血的植物呢！

　　有一種會流血的植物叫做雞血藤，它好像沒有骨頭似的，整個

身體都軟軟的。因為它的身體站不起來，為了能長高長大，就要依靠別人。雞血藤將自己的枝幹纏繞在別的樹幹上，夏天一到，就會開出紅色的花朵，非常漂亮。如果它的藤條被砍斷，就會流出鮮紅色的汁液，看起來很像在流血，其實，這種鮮紅的汁液非常有用，它還可以治病喲！

麒麟血藤和雞血藤有點像，它的枝幹也是軟軟的，像蛇一樣纏繞在其他樹木上。當它流出來的「血液」凝結後，是一種很珍貴的中藥，可以治療很多疾病。另外，麒麟血藤的果實也可以流出像血一樣的汁液。

有一種叫做龍血樹的植物，也會流出紅紅的「血液」。龍血樹長得非常的粗壯，它的枝幹往往需要兩個人張開雙臂才能抱住。龍血樹的頭頂長滿了尖銳的葉子，像一把把伸出去的劍。最了不起的是，龍血樹是一個老壽星，它能活數千年，相當於我們人類壽命的幾十倍呢！關於龍血樹還有一個美麗的傳說，在很久很久以前，有一條大龍和一頭大象相互爭鬥。結果，龍受了傷，流出了很多的血，龍的血灑在了這種樹上，從此以後，這種樹就會流出血液，就被人叫做「龍血樹」了。

胭脂樹也是一種會流血的植物，如果把它的樹枝折斷或切開，就會流出血一樣的汁液。胭脂樹的葉片背面長有紅棕色的小斑點，雖然胭脂樹的汁液是紅的，它開出的花卻有許多種顏色，紅色的、白色的，還有紅棕色的，十分美麗。胭脂樹的果實也是紅色的，外

面披著一層柔軟的刺，裡面藏著許多暗紅色的種子，它的種子還可以做染料用呢！

　　當這些植物受到傷害的時候，就會流血，它們流的血其實是植物的汁液，和人類的血液是兩碼事。這下，小朋友們就不會被那些會流鮮血的樹嚇到了吧！它們只是植物的一種而已。

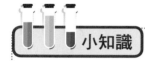 小知識

　　我們這裡說的植物的「血液」，其實是植物身體裡的汁液。植物的汁液有很多種顏色，比如黃瓜汁是綠色的，白蘿蔔汁是透明的，檸檬汁是淡黃色的……當然也有紅色的，像「血液」一樣。

會咬人的植物

　　花老師今天給大家介紹了好幾種小動物，還叮囑大家和動物們玩的時候要注意防止被咬傷。希希回家後把學到的知識講給爸爸媽媽聽，爸爸聽後告訴希希，其實不光動物會咬人，也有會咬人的植

物呢！

　　小朋友們聽說過咬人草嗎？它的學名叫蕁麻，是一種會咬人的植物。為了保護自己，動物、植物們都有獨特的武器來抵禦敵人的攻擊，蕁麻的武器就是尖利的刺毛。蕁麻的莖葉上面有毒素，當刺毛刺入人或動物的皮膚時，毒液就會流入他們體內。所以，人和動物一旦被「咬」，皮膚就會又痛又癢，變得又紅又腫。

　　有一種奇特的樹叫做蛇樹，這種樹會動，只要有人或動物碰到它，它就會不耐煩，立刻扭動自己的枝幹，用盡力氣纏住對方，如果運氣好的話，就只是被它蹭掉一層皮，但如果倒楣的話，就很可能丟掉性命了！

　　還有一種會咬人的植物，它們生長在熱帶雨林，俗稱為火雞婆，學名叫做白活麻，高度一般為 60 公分左右，莖的形狀為菱形，葉子就像手掌一樣，邊緣還有一些粗齒，如果有人觸碰到，就像是被咬到一樣，不過這些稀少的植物通常也是很難遇到的。

　　你聽說過食人花嗎？它不僅僅會咬人而且還會吃人呢！在夏季食人花生長得很快。食人花的「嘴裡」總是有一股腐爛的屍體味道，這樣就可以吸引大量蒼蠅為它們傳播花粉，食人花是不靠蜜蜂傳播花粉的。有意思的是，並不是所有的食人花都散發出一股臭味，有些食人花會散發蘭花似的香味。另外，食人花都穿著美麗鮮豔的衣服，這樣它就可以吸引其他植物和人類的注意力，但是如果你慢慢地接近它，那麼離危險也就不遠了。

希希聽到有這麼多奇特的植物，越發覺得大自然太神奇了。

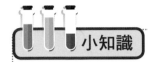小知識

　　食人花雖然危險，但日常生活中幾乎不會見到。它們一般生長在原始森林和沼澤地帶，開出的花有一米半寬，這麼大的花如果出現在公園裡或馬路邊，人和動物是很容易發現的，食人花就會捕捉不到獵物了。

花兒朵朵香

花瓣

雄蕊　　　　雌蕊

花萼

花托　　　花柄

　　這天，希希剛回到家就被媽媽叫住了，看著希希有點納悶的臉，媽媽笑瞇瞇地告訴他：「我們種的小花開花了。」希希聽後趕緊跑到陽臺去看，有兩朵紅彤彤的小花立在花盆裡，還有幾朵含苞待放的小花苞，陽臺上飄著股甜甜的花香。「真香啊！」希希忍不住深深吸了一口氣，媽媽笑著問：「那你知不知道花兒為什麼是香的？」希希愣住了，是呀，花們到底擁有哪些秘密武器，能夠讓自己散發出這樣誘人的香味？

　　我們平時湊近花朵聞花香，覺得香味來自花蕊，實際上，花的香氣並不是從花蕊裡面散發出來的，而是從花瓣裡面。花瓣裡有一種油細胞，它就像一個小氣囊，裝滿了芳香油。而且，花瓣和我們的皮膚一樣，上面也有小小的毛細孔，在花開的時候，芳香油便會隨著花瓣的展開，一起散發出來，這就是我們平常聞到的花香啦！

　　現在，你們知道了花朵為什麼會這麼香啦！但是，是不是所有的花朵都一樣香呢？其實，白色的花是最香的，紅色的次之，黃色的可以排在第三位，橙色的香味最少了。花的顏色越濃，它的香味就會越淡；花的顏色越淺，它的香味就會越濃。這就是為什麼有些花香比較濃郁，有些花香比較清淡。據說，地球上一共有 20 多種能開花的植物種類，但是，能散發香味的只有一小部分，大多數的花朵都是沒有香味的。

　　而且，天氣也會影響到香味的散發。天氣晴朗、溫度比較高的時候，花瓣上面的毛細孔會張開得比較大，芳油香便會揮發得比較

快，花的香味也會比較濃一些。

　　告訴你一個更驚訝的事情吧！有些花不僅不香，甚至還會有不好聞的味道呢！比如，一種叫魚腥草的植物，開出來的花就很臭。

　　不過，小朋友們，千萬不要因為某一朵花沒有香味，或者味道不好聞而討厭它們噢！

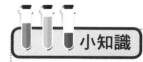
小知識

　　小朋友們知道嗎，花的香味不僅好聞，還有其他的用途。比如丁香開花時，散發的香氣裡有淨化空氣的物質；紫薇花可以散發殺菌成分；荷花的香味有使人鎮定的作用……看來，花兒不僅美麗，還個個身懷絕技呢。

高傲的玫瑰

　　郊遊的時候，花老師給小朋友們講授了一些關於花的知識，講完後，老師問：「有沒有小朋友知道關於花的故事呢？」希希想起了媽媽不久前講過的故事，就站了起來跟大家分享。希希講的是個

關於玫瑰花的故事。

　　百花開放的公園裡面，正在舉行一個選美大會。玫瑰花、月季花、菊花等等，所有漂亮的花朵都參加了這個比賽。玫瑰花差一點就當選選美大會的第一名，但最終還是輸給了別人。原因是什麼呢？大家一致認為，玫瑰花雖然漂亮，但它渾身上下長滿了刺，玫瑰花嬌豔無比，但卻散發出高傲的光芒，讓人不敢靠近。

　　選美大會過後，玫瑰花非常傷心，因為沒有人知道，玫瑰花身上的刺只是為了自我保護，並不是故意要傷害別人的。玫瑰花有美麗的外表，所以非常引人注目，只有長出鋒利堅硬的刺，這樣才能避免鳥類等其他的動物把它吃掉。

　　在很久很久以前，玫瑰花是沒有刺的，由於一直受到迫害，才迫使它們進化出尖刺保護自己，而且研究人員推測，它們的刺是由葉子演變而來的。

　　儘管玫瑰渾身是刺，但玫瑰的花具有濃香，科學家可以在花中進行研究，然後做出玫瑰花味的芳香油。因為玫瑰花的芳香與美麗，人們還把玫瑰當作愛情的標誌。

　　小朋友們聽了希希講的故事，更加瞭解玫瑰花了，玫瑰長刺保護自己，它的美麗才能被更多人看到。

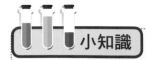小知識

　　玫瑰花大家一定不陌生吧，可是小朋友們知不知道，玫瑰花不僅好看，還能吃呢。玫瑰花含有多種微量元素和維生素，而且味道好聞，很久以前就有人用玫瑰花製作食物，比如玫瑰茶、玫瑰酒、玫瑰醋等。不過，公園裡沒有加工過的玫瑰花可不要吃哦！

水仙花的奧秘

　　週末，爸爸媽媽帶希希一起回爺爺奶奶家。希希在爺爺家的客廳裡見到了一種非常漂亮的花，這種花的根部是一個圓球，葉子扁扁的、長長的，一簇長在一起，葉子中間開著六瓣的小花，特別香。更神奇的是，這種花是長在水裡的。小朋友們知道這是什麼花嗎？

希希可是請教了爺爺才知道它叫水仙花的。

　　好了，大家聽到它的名字也會猜出它是生活在水裡的吧！可是，為什麼水仙種在水裡就能開花呢？接下來，就讓我們慢慢來瞭解，她為什麼可以在水中開花吧！

　　水仙原來也是生活在土壤裡的。一開始人們把水仙的種子放在土壤裡讓它生長，第一年，水仙是只長葉子不開花的，我們叫這時的水仙為水仙鱗莖。在第二年的秋天，人們把小鱗莖的水仙從土裡挖出來，放在乾燥有風的地方，讓風伯伯把它們吹乾。在第三年的秋天，再把小鱗莖種在土壤裡，精心地為她們施肥。像這樣，要經過 3～5 年的時間，反反覆覆地在土壤裡種植，讓鱗莖吸收很多很多的養分。等到了幾年後的冬天，我們就把水仙鱗莖從土壤裡取出來，然後再洗乾淨，最後放在合適的盆裡，澆上一些水，再放一些很漂亮的石頭，水仙就可以發小芽、長綠葉子、開漂亮的花了。水仙的花瓣大多為 6 片，形狀為橢圓，開花時非常美麗。

　　好了，小朋友們，我們這位水仙朋友很不一樣，所以我們也要用不一樣的方法好好照顧哦！這樣，我們才能看到她開出潔白的花朵，還可以聞到花的香味。

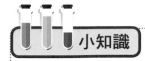 **小知識**

　　水仙花長得清新脫俗，十分可愛，看著就讓人忍不住想摸一摸，聞一聞。但是，小朋友們要注意，水仙花可不能隨便碰喲。水仙花的全身都含有有毒物質，不小心食用的話會肚子疼、出冷汗、發燒……嚴重的甚至威脅生命。大家以後見到水仙花，可得小心哦！

無花果真的不會開花嗎？

　　希希和小朋友們在公園裡踢了一下午的足球，回到家覺得非常渴，就去廚房拿水。希希媽媽正在廚房裡洗水果，有蘋果、葡萄，還有一種球形的果子希希叫不出名字。希希拿起一顆果子，仔細看

了看，問：「媽媽，這是什麼呀？」媽媽回答：「是無花果呀！希希不認識嗎？」「無花果？」希希更好奇了「還有不開花就結出來的果子嗎？」爸爸剛好從外面進來聽到了希希的問題，開始給他講解無花果到底會不會開花。

爸爸告訴希希，其實無花果和其他植物一樣，都是有花的，只不過它們的花不容易被發現而已。它的花托長得很特別，是個向上長的像燈泡一樣的囊，雌花和雄花都被包在裡面，而且這個囊是不透明的，所以從外表看很像一個果實，根本看不到它的花，所以大家就都以為無花果是沒有花的，後人就一直將這個名字流傳了下來。

我們平時吃的其實不是無花果的果實，而是它的花托，只不過種子小而軟，我們大家在吃的時候感覺不出來。無花果不僅好吃，而且也是一種藥材，能開胃止瀉，還能治療咽喉疼痛。所以說無花果既是好吃的果實，又是有用的藥材。

無花果不僅開花，而且每年還開兩次花，結兩次果。每當大地回春，草木欣欣向榮的時候，她就蓬蓬勃勃地抽枝發芽，葉腋間開起花來。在初秋雨水充足的時候，她的枝條又「大踏步」地向上伸延，葉腋間又會開起花來。另外，無花果非常怕冷，在比較寒冷的地方種植的無花果，冬天必須做好防凍措施，不然無花果可能會被凍死。

無花果的歷史非常悠久，它的原產地其實不是中國，而是阿拉伯國家，在漢朝的時候傳入中國，從此就在中國定居下來。

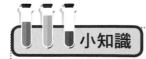

　　無花果甜甜的、軟軟的，口感很好，而且還有藥用價值。什麼，吃無花果還可以治病嗎？沒錯，無花果能促進消化，胃口不好的人可以多吃。另外，無花果還有利於恢復視力，適合眼睛不太好的人食用。

長鬍子的玉米「爺爺」

雄花

雌花

葉

莖

根

今天，花老師給小朋友們出了一個謎語：一個老頭子，頭上長鬍子，脫下綠袍子，全身金珠子。大家有沒有見過穿綠袍、長鬍鬚的東西呢？有的小朋友很快就想到了，是玉米。說玉米是老頭子，並不是它的年齡很大哦！而是因為它看起來很老，長了很多的「鬍子」。

很多小朋友都吃過玉米，有沒有人會對玉米的樣子感到好奇呢？在玉米的一端有一把又細又長的鬍鬚，爸爸媽媽在把金黃的玉米做成美味的食物之前，都要先把這些「鬍鬚」清理乾淨。玉米是上了年紀的老爺爺嗎？要不然怎麼會有鬍鬚呢？

大家可千萬別叫玉米爺爺哦！因為它根本就不老，那許許多多的玉米絲根本就不是玉米的鬍鬚。

其實，那些被我們稱為「鬍鬚」的東西在植物的王國裡叫做花絲，這些花絲對玉米來說有個非常大的用處，它可是生育小玉米寶寶的器官哦！

在玉米家族裡面，玉米寶寶也有自己的爸爸、媽媽。你們知道玉米的爸爸媽媽在哪裡嗎？在科學術語裡，玉米的爸爸、媽媽不叫爸爸、媽媽，它們有自己的名字，爸爸叫雄蕊，媽媽叫雌蕊。玉米的一根花絲就是一根雌蕊，你們看，一個玉米上面會長出來好多的雌蕊，玉米那麼多的花絲，真像一把鬍鬚啊！

玉米的爸爸雄蕊在哪裡呢？它就在玉米整個植株的最頂端。也就是說，玉米的爸爸媽媽都在同一顆玉米上。每一根雌蕊和雄蕊結

合之後，就能結出一粒種子，我們平時吃的金黃色的小籽粒就是玉米的種子哦！

玉米的爸爸媽媽雖然都在同一棵植株上，但它們還是有一定距離的，並沒有完全在一起，所以就需要勤勞的小蜜蜂做媒人了。多虧了小蜜蜂為爸爸媽媽牽線，才讓它們走到了一起，最終生下可愛的玉米寶寶，也就是玉米種子。

每個玉米上都有很多金黃色的小種子，這些種子的形成離不開「鬍鬚」幫忙。如果沒有鬍鬚，或者鬍鬚很少的話，它的種子也會很少，人們可以食用的部分也少。所以說，玉米的鬍鬚可是很重要的哦！

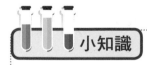

小知識

在全世界，很多地方都能見到玉米的身影，不過，玉米的老家可不是在中國。玉米是明朝時從國外傳過來的，在中國只有幾百年的種植時間。下次看電視的時候，再見到唐朝的人吃玉米，大家就知道是導演弄錯了。

牽牛花為什麼愛在早上吹喇叭

　　希希和小朋友們在公園裡玩耍，軒軒說，週末跟媽媽一起爬山時，在路邊看到一種花，它會玩樂器、會吹喇叭，你們猜猜是什麼花？有小朋友覺得奇怪，怎麼有可以吹喇叭的花呢？希希想了想說

是不是牽牛花，軒軒鼓起來掌，看來是猜對了。這時，有小朋友提出了疑問，牽牛花在什麼時候吹喇叭呢？希希媽媽來接希希回家，剛好聽到了這個疑問，就給大家講起了牽牛花的知識。

牽牛花往往生長在空氣濕潤的地方，特別喜歡充足的陽光、溫暖的氣候。而且，牽牛花很有藝術細胞，她可是會吹喇叭的哦！

牽牛花十分嬌嫩，它的花冠大，花瓣非常的柔軟，總是顯得嬌滴滴的，似乎很容易受傷。那麼，牽牛花是不是真的非常嬌氣呢？

早上，天氣涼爽，牽牛花就會開放，穿著豔麗的衣服，優雅地吹著小喇叭。但是，一到中午，太陽光變得強烈，牽牛花就收起喇叭回家了，看起來確實很嬌氣。

其實，牽牛花是一個不怕吃苦的姑娘，她不肯在中午或其他時間演出，並不是天氣的原因。在牽牛花體內有一個小小的鐘錶，叫做生物鐘。牽牛花會看著自己的鐘錶，時間到幾點鐘，就按計畫完成自己該做的事。其實，植物都有自己固定的休息、工作的時間，它們的生活特別有規律。

在早上演奏吹喇叭，開出豔麗的花朵，這已經形成了一種習慣，無法輕易改掉。這是牽牛花慢慢地進化所保留的習性，是牽牛花適應自然環境養成的習慣。牽牛花手裡拿著小鐘錶——生物鐘。時間一到，鐘錶就響，於是牽牛花就開始登臺表演了。

許許多多的植物們，都像牽牛花一樣，按照著自己的生物鐘生長。

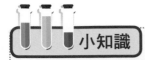小知識

　　小朋友們見過牽牛花的種子嗎？牽牛花凋謝以後會露出一個綠色的小圓球，裡面住著牽牛花的種子。成熟的種子是黑色的，有米粒那麼大。別看它個頭小，它可是有藥用價值的哦！

向日葵的腦袋

　　希希喜歡吃瓜子，他知道了瓜子是向日葵的種子後，就纏著媽媽多說點關於向日葵的知識。

　　向日葵的個子很高很高，臉蛋長得圓圓的、金燦燦的，就像天空中太陽公公的笑臉，好像它從來都沒有悲傷過。見過向日葵的人

應該能發現，向日葵的腦袋其實是一直繞著太陽轉的，為什麼向日葵會繞著太陽轉呢？

在向日葵大大的腦袋上面，住著一些小精靈，這些小精靈非常害怕見到太陽，當陽光照射在向日葵的身上時，它們會拼命地躲開。太陽在天上變換方向，小精靈們就在向日葵的腦袋上跑來跑去，跑了一圈又一圈。所以，我們看來向日葵也繞著太陽轉了一圈又一圈。

這些小精靈整天都在背對著太陽奔跑。小精靈跑向哪裡，向日葵就將自己的頭低向哪裡，向日葵朝太陽點頭，那是因為背對著太陽的那一面，小精靈又重又多，腦袋瓜被壓得沒有辦法啊！

小朋友們知道住在向日葵腦袋上的小精靈叫什麼名字嗎？科學家給它取名叫做生長激素。對，就是它很怕光。所以，對生長著的向日葵來說，背光的一面比向光的一面生長得快，因為那裡的生長素多。

「哦，原來向日葵還有這麼神奇的地方啊！」希希拿起一把瓜子，邊吃邊點頭。

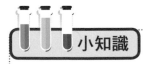

小知識

　　向日葵不僅能結好吃的瓜子，還有很多其他的用途。向日葵的花盤有止血的作用；莖和葉子能夠明目，對眼睛很好；就連生長在土裡的根部都可以入藥。向日葵是名符其實的「全身都是寶」。

小草也會換衣裳

　　希希家附近的草坪上有園丁在修草坪，割草機發出「嗡嗡」的聲音，希希忍不住摀上了耳朵，他有些好奇：「為什麼總需要割草呢？」爸爸知道了希希的疑問，笑著回答：「小草也是要換新衣裳的呀！」

　　小朋友們都知道，我們在不同的季節，就要穿不同的衣服。春天來的時候，我們會穿薄薄的襯衫。夏天時，女生會穿上漂亮的裙子，男生會穿上涼快的短褲。秋天來的時候，我們會穿上毛衣。冬天來時，我們要穿上棉衣。

　　小草就像人一樣，每次割草以後都會換套新衣裳，而且，它們還會隨著季節的變化來更換不同款式的服裝。

　　春天，小草才剛剛從泥土裡鑽出小腦袋，欣喜地張望著這個世界。這時，它們的身體小小的，穿著嫩綠嫩綠的衣服，非常可愛。

　　夏天，小草長得更加旺盛了，隨著它身體的長大，它的衣服也換成了大號的，而且顏色更加的深綠，

　　秋天，小草的衣服多了黃色的花紋裝飾，變成了黃色和綠色相交的顏色，遠遠的看上去，星星點點的畫面也是很迷人的。

　　冬天，這時的小草就像一個老人，整個人比原來都瘦了一圈，它的衣服也小了一號。它換了一件淡淡的綠衣裳，顏色淺淺的，遠遠地都看不太清楚了。

　　瞧，會換衣裳的小草是不是很聰明呢？

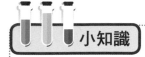

小知識

　　小朋友們還記得住在葉子裡的葉綠素嗎？小草的綠色就是葉綠素造成的。另外，小草的葉子裡還住著黃色素和紅色素，不過這兩種色素數量很少，不能跟葉綠素相比。但是，當季節變換溫度降低的時候，葉綠素會慢慢減退，這時候紅色素和黃色素就會顯露出來，小草就會變黃了。

秋天的落葉

　　秋天的時候，希希和爸爸媽媽一起去山上玩。希希發現，有些樹開始落葉子了，落葉飄飄悠悠地飛下來，看上去很悠閒。希希問爸爸：「大樹為什麼開始落葉了？」爸爸撿起幾片落葉，開始給希

希講樹木落葉的原理。

　　到了秋天，尤其是在比較寒冷的地方，很多的植物會出現落葉的現象，因為冬天馬上就要來了，這時為了適應冬季而表現出的反應。

　　大樹的樹幹、根部其實是一根很粗的吸管，大樹用它來汲取土壤中的水分和營養。但在深秋或者初冬的時候，氣溫降低、天氣清爽、氣候乾燥。這根吸管的吸收作用就會減弱，樹根只能吸收很少的養分。植物喝不到水，吃不到飯就會又餓又渴。所以它的葉子就無法繼續生長，開始慢慢地衰老，變得像一個七老八十的老人。秋季，太陽光照的時間會越來越少，葉子能夠曬到太陽的機會也越來越少，又隨著天氣逐漸變冷，葉子老人不能適應這樣的生存狀況，就會變得枯黃枯黃的，十分憔悴，風輕輕一吹，就會從樹上掉下來。

　　雖然葉子都落了，聽起來好像非常悲傷。但是，許許多多的葉子堆落在大樹的根部，就像為大樹穿了一雙厚厚的棉鞋，那麼冬天的大樹就不會再凍腳了。這樣，大樹就能安全地過冬，在來年的春天繼續長滿枝葉，充滿生機。

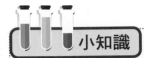

小知識

　　會落葉子的樹一般長在冬季寒冷的地方，比如高山上。不過，樹木可不只是秋天才落葉的，當氣候乾旱，樹木喝不到水的時候，葉子也會變黃，飄落下來。這時，如果樹木不能及時補充水分，很有可能會枯死。我們栽的植物要固定澆水，也是這個原因。

四季常青的松樹

　　新年的時候，爸爸帶希希去了遙遠的哈爾濱，那裡正在舉辦冰雕節。哈爾濱可真冷啊！好多樹木都落光了葉子，但是希希發現，立在雪地裡的松樹還是綠油油的。希希問爸爸：「為什麼松樹沒有

落葉子呢？」

　　松樹一年四季都穿著那套綠色的衣服，有些樹，到了秋天就會換上金黃色的禮服，冬天會落光葉子，松樹是怎麼保持生機的呢？

　　爸爸讓希希仔細觀察一下松樹的葉子，再想想其他樹木的葉子，看看有沒有什麼不一樣的地方。常見的樹木的葉子是軟的，一片一片的，而松樹的葉子卻像一根根尖針，又細又硬。這是怎麼回事呢？

　　松樹的葉子表面有一層厚厚的蠟質層，讓松針變得硬硬的，這樣就能防止葉子裡面的水分流失過多，在冬天還能像一件厚厚的棉襖，保護著松樹，使松樹在惡劣的環境下仍然可以繼續生存，並且保持長青。而其他樹木葉子表面缺少這種蠟質層保護，導致葉子上面的水分蒸發得非常快。在秋冬缺水的季節，樹木需要樹幹裡的水分度過冬季，就會阻止葉子吸收樹幹裡的水分，因此，葉子會變黃變枯，最後落下來。這是樹木為了抵抗冬季，自我保護的一種方法。等到來年的春天，氣溫上升，大樹又會恢復生機，長出新的葉子來。

　　松樹的葉子構造特殊，不會發生葉子落光的現象，一年四季都是綠油油的。

小知識

　　松樹一年四季都翠綠翠綠的，大家是不是以為它們一直不會落葉？事實可不是這樣的哦！松樹也會落葉，不過，松樹是悄悄落葉子的。松樹長出一批新葉，就會落下一些老葉，有機會的話，大家可以看看松樹周圍的地面，會發現地上落下不少枯黃的松針。

拍拍西瓜的肚皮

希希非常喜歡吃水果，尤其又大又圓的西瓜，可是他的最愛。西瓜不僅好吃，長得還特別可愛，綠汪汪的瓜皮下面長著一張紅撲撲的小臉。希希還記得爸爸媽媽挑選西瓜時的樣子，希希覺得特別

有意思，爸爸媽媽買西瓜時，會「咚咚」地拍幾下西瓜的肚皮。可是，希希不知道這個動作有什麼用意，他邊吃著西瓜，邊把這個疑問提了出來。

爸爸說這個動作是為了選到一個甜滋滋的大西瓜。伸出手，拍拍大西瓜的肚皮，從聲音上就可以判斷這個西瓜好不好吃。如果聽到的是啪啪聲，聲音清脆，像是拍腦門一樣，就說明這個西瓜還沒有熟透。如果聽到的聲音有點悶，並且帶著渾濁，就說明這個西瓜過熟了，這種聲音聽起來像拍自己肚子的聲音，如果不相信，那你就試試看吧！如果聽到一種空曠的聲音，那就說明這個西瓜熟得剛剛好，它的聲音聽起來像拍打自己胸膛的聲音哦！

然後，爸爸又說，如果想要買到一個甜甜的好瓜，光靠這些還是不夠的，還有其他的方法和技巧能幫我們判斷西瓜的好壞。

選西瓜時，要仔仔細細地翻看一下大西瓜。如果西瓜表面光滑、花紋清晰，那它就是好瓜。另外，一定要挑那些頭尾均勻的大西瓜，這也是挑瓜的方法喲！

希希聽後認真地點了點頭，他決定下次買西瓜時自己也要一起去，用爸爸教的方法幫大家挑一個又大又甜的西瓜。

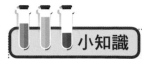

小朋友們有沒有想過，西瓜為什麼要叫這個名字呢？其實，中國本來並沒有西瓜，而是在四千年前的埃及人才有種植，後來逐漸北移，最初由地中海沿岸傳至北歐，之後南下進入中東、印度等地，在四、五世紀時，才由西域傳入中國，也因此稱之為「西瓜」。

愁眉苦臉的瓜

　　放假了，爸爸媽媽帶希希去看望爺爺奶奶。希希在奶奶家吃到一種怪怪的菜，看上去綠油油的，咬一口脆生生的，可是味道卻特別苦，希希嚐了一口就不敢再吃了。他皺著眉頭問媽媽：「這是什

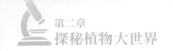
麼菜，怎麼這麼苦哇！」媽媽遞給希希一杯水，告訴他：「這是苦瓜，雖然吃起來苦，可是很有營養。吃完飯我帶你去看看苦瓜長什麼樣。」

飯後，媽媽把希希帶到院子裡，指著一片翠綠的藤蔓說：「這就是苦瓜。」希希抬頭看到藤蔓上掛著幾個長條形的瓜，表面皺巴巴的，希希又皺眉了：「苦瓜怎麼長得這麼不好看啊！」媽媽摘下一個苦瓜，開始給他講苦瓜的妙處。

苦瓜的樣子像一個裝滿水的長條形囊袋，苦瓜果實雖飽滿，卻有不少人不喜歡吃，原因很簡單，因為它的味道像它的名字一樣苦。苦瓜為什麼是苦的呢？苦瓜這麼苦，為什麼還要吃苦瓜呢？

在苦瓜的身體裡蘊藏著一種特殊的物質，叫做葫蘆素。葫蘆素就像一個被人欺負過的孩子，它的心裡十分的苦悶，所以就將這份悲苦的心情帶給了那些吃苦瓜的人，苦瓜的苦就是葫蘆素造成的哦！每個苦瓜嚐起來味道會有細微的差別，那是因為葫蘆素這個傷心的孩子，在每個苦瓜裡傷心的程度都不一樣。所以有的苦瓜十分苦，而有的苦瓜只是輕微的苦。看來，葫蘆素這個孩子的心情還有跌宕起伏啊！

為什麼苦瓜那麼苦，還有人願意吃呢？苦瓜雖苦，它對我們的身體卻是大有益處的。苦瓜的營養價值非常的高，能補充我們體內的多種元素。苦瓜被譽為「脂肪殺手」，它能像清潔工一樣，清掃掉身體裡的脂肪，可以起到減肥的效果。所以，很多愛美的女生，

即使知道苦瓜很苦，也會忍耐它的味道。此外，我們嘴裡上火潰瘍也可以吃苦瓜，因為苦瓜還是降火良藥呢！

其實，在生活中我們也有許多方法減少苦瓜的苦味，就是讓傷心鬼葫蘆素找到玩伴，變得開心就行了。例如，我們在煮苦瓜的時候可以加點辣椒，這樣，苦瓜裡面傷心的葫蘆素就不會再覺得孤單難過了。

所以，苦瓜雖苦也應該吃，要知道，每一種食物裡的營養成分都是獨一無二的哦！

小知識

苦瓜的莖葉是綠油油的，果實也是綠油油的，那麼苦瓜的種子是什麼顏色的呢？告訴大家吧，苦瓜的顏色雖然素淨，種子可是很鮮豔的——是大紅色的哦。苦瓜的果實成熟後顏色會變淺一些，上面會裂開縫隙，露出裡面的種子，看起來就像淺綠色的嘴巴裡，吐著一條紅舌頭，是不是很奇特？

從不炫耀自己的落花生

　　今天，希希媽媽買回了新鮮花生，告訴希希晚上吃水煮花生。
希希發現花生的外殼上沾了不少土，就問媽媽：「花生怎麼這麼髒
呀？」媽媽笑著說：「因為花生是長在土裡的啊！」希希聽了趕緊

讓媽媽說詳細一點，他以前可不知道，花生是從土裡長出來的。

其實，花生開花是在地上面，而結果卻是在地下面。所以人們很容易發現它開花，卻很難發現它結果。這是花生生長的一種特性，當花落以後，花徑會鑽進黑暗的土壤中結果，所以花生又叫「落花生」。

花生從播種到開花只要一個多月，它的花一直開兩個多月，每株花生的花最少也有一兩百朵，最多的有上千朵。花生為了生存和養育下一代，開花後，它的花朵都是低垂著腦袋的。每朵花裡面都有一個小房子，它的名字叫做「子房」。當花朵枯萎落地時，這個小房子也會倒下來，但是，小朋友們，你們千萬不要傷心，小房子雖然倒了下來，但是裡面的主人並沒有受傷。子房就是為了保護主人而存在的。

你知道小房子的主人是誰嗎？它是果針，住在子房裡面。當小房子落地時，果針完好無損呦！其實，果針是非常調皮的，當它隨著房子落地時，會悄悄地溜進土壤裡面，欣喜地尋找另外一個世界。過段時間，當你在泥土裡面找到它時，你就會發現它已經在這裡生育出無數個小寶寶了，對，這些小寶寶的名字就叫花生。

小朋友們知道嗎？花生的營養價值可是非常高的，古人認為花生有延年益壽的功能，所以花生又叫做「長壽果」。花生的果實非常多，所以人們把它看做象徵事業旺盛、果實纍纍的吉祥果品。

花生有這麼多的好處，但是它卻埋在地下結果，從不炫耀自己

的果實。

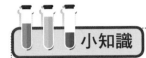 小知識

　　我們都知道，一般情況下，肉類和奶類含有的營養物質比蔬菜和水果多，但是花生可是個特例。花生含有豐富的維生素和蛋白質，還有多種營養元素，營養價值不比牛奶和肉類低呢！

蒲公英的生寶寶日記

　　今天，花老師給小朋友們講了一個非常優美的故事，希希聽後非常喜歡，他決定回家後也講給爸爸媽媽聽。這是一個關於蒲公英和它的寶寶的故事。

　　蒲公英有一本旅行日記，這本日記中記載了滿滿的愛，因為這是一本關於蒲公英寶寶誕生的日記。

　　蒲公英開的是黃色的花，當花朵凋謝後就會留下一朵朵白色的小絨球。它們非常輕，像是一把白色的小傘，隨風飄盪，到處旅行。微風輕輕地吹拂，蒲公英乘著降落傘，悠悠的隨風翱翔。有時，這把小傘被風吹得來回飄搖，遇到大風時，就被拆成了兩半，被拆開的兩把小傘繼續飛行。就這樣，風婆婆將原來的蒲公英大傘，輕輕一吹，變成了兩把小傘；再輕輕一吹，兩把小傘就變成了好幾把小小傘。它們輕輕地落在地上、落在屋簷上、落在草叢邊、落在大樹旁。

　　蒲公英的足跡踏遍了千山萬水，日記就寫遍了千山萬水。最有意義的是，這本日記的最後一頁，講述了蒲公英寶寶的誕生。

　　這些看似弱小的蒲公英，卻有著大大的夢想，它們在尋找自己的天地，它們展望無盡的天邊與田野，它們堅信，早晚有一天會見到自己期待的天堂。

　　慢慢飛舞的蒲公英，無論是大傘、小傘、還是小小傘……上面都盛放了一顆希望的種子。每一顆種子都在尋找希望的天堂。

　　那美麗的天堂到底在哪裡？它們祈禱、它們徬徨、它們飛翔……

　　直到遇見土壤，蒲公英才停止了飛翔的腳步。這，就是它們傳說中的天堂，美麗而又蒼涼。蒲公英急切地播撒著種子，等待著雨水的澆灌。

　　蒲公英的眼中含滿淚水，蒲公英的心情真摯激動。它的日記寫

滿了期待，而如今，望著泥土中小種子嫩嫩的臉頰，日記本中記載的滿滿都是愛。

　　泥土鬆軟而肥沃，就是在這樣一個美麗的天堂，長著一個希望的種子。

　　不久的將來，這裡就會跳躍著無數個蒲公英的小寶寶，但是這本蒲公英的日記將會繼續流傳，記錄著下一個寶寶的誕生。

　　蒲公英寶寶有一天也會長大，乘著風開始新的旅行。

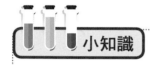

小知識

　　蒲公英常常長在草地上，矮矮的，不開花的時候一點都不顯眼。別小看這樣的蒲公英，它可是一種很有營養的蔬菜呢！蒲公英可以生吃，也可以炒熟或者做湯，它可以緩解拉肚子的症狀。

不愛曬太陽的蘑菇

菌蓋

菌柄→

菌絲

今天，媽媽做了希希愛吃的蘑菇湯，蘑菇鮮嫩多肉，希希吃得特別開心。希希邊吃邊說：「蘑菇長這麼大，肯定是長在陽光很好的地方吧！」希希可沒忘，植物需要藉助陽光才能產生營養物質。

可是媽媽聽後卻笑了出來，爸爸也笑著對希希說：「蘑菇可不喜歡曬太陽哦！」這是怎麼回事呢？

蘑菇長得像是插在地上的小傘，也像是在地上搭建的小房子。其實，我們平常叫的蘑菇是真菌的一種。蘑菇頂上的部分叫菌蓋，菌蓋就好像一頂小帽子，有半球形、鐘形、漏斗形等，還有各式各樣的顏色，有白色、黃色、褐色、灰色、紅色、綠色、紫色等，而且各類顏色中還有深淺的差異，最常見的是色澤混合的蘑菇。

小朋友們知道嗎？每種植物的生長環境都不一樣，只有在一定的濕度與溫度下，小植物才能茁壯地成長。蘑菇算是一種很挑剔的植物了，如果想讓小蘑菇健康長大，可要對蘑菇的生長習性做深入的瞭解。

植物有自己喜歡的天氣，多數植物喜歡曬太陽，但是小蘑菇卻不喜歡太陽，你看，它總是撐著一把小傘，多像在遮擋陽光啊！

小蘑菇為什麼要阻擋太陽公公的拜訪呢？小蘑菇屬於龐大的菌類家族哦！菌類可是一種非常獨立的家族，它們並不需要太陽公公的幫忙就能很好地生長。

更進一步的說，太陽光有一個很好的玩伴叫做葉綠素，而葉綠素居住在許多綠色植物的葉片中。當陽光和葉綠素建立起友誼，它們就會互相幫助，一起促進小植物的生長，小植物就能慢慢地長大。這種友誼因為和陽光有著密切的關係，還專門取了一個名字哦！叫做「光合作用」。

但是，瞧，像蘑菇這樣的小房子，小夥伴葉綠素是不住在這裡的。當太陽光照在蘑菇上，就找不到它的好朋友葉綠素，更不會產生光合作用。所以小蘑菇不依賴太陽就可以健康生長。

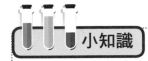 小知識

　　小朋友們都吃過哪些菇類呢？香菇、杏鮑菇、秀珍菇、草菇、珊瑚菇、鴻喜菇、雪白菇、金針菇、洋菇……可食用菇的種類可真不少。下過雨以後，大樹旁邊，草地上，也能見到菇類的身影。不過，並不是所有的菇類都可以吃。有些菇是有毒的，吃下去對我們的身體有害。所以，在野外採到的菇可不能隨便吃。

第三章

行行色色的動物

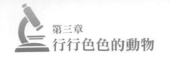
動物界裡的「武林高手」

　　希希看了一場功夫電影，他覺得裡面的主角太厲害了，真是武林高手。爸爸卻告訴希希，其實不光人類有武林高手，動物裡也有。希希有些不敢相信，他讓爸爸給他講講這些「武林高手」的故事。爸爸告訴希希，在大自然生活的動物之間有許多戰爭，那些戰爭都

是十分殘酷的。有些甚至會送上小命。最終，只有最優秀的勝利者才會留下來，而失敗的一方可能會被對手吃掉。

我們都知道，大自然中有許多昆蟲，牠們有的是人類的朋友，有的是人類的敵人。有幾種動物就是專門捕捉昆蟲的「武林高手」。

你還記得在荷葉上來回蹦蹦跳跳的青蛙嗎？牠們可是害蟲天生的敵人。青蛙是一名優秀的游泳健將，雙腿非常有力，輕輕一蹦就會跳很高很高。另外牠們的舌頭在空中又可以伸得很長很長。當青蛙輕輕地一吐舌，蚊子、蒼蠅、蝗蟲、蛾子……都會被青蛙吃進肚子裡，所以，牠可是我們人類的好朋友哦！

你還記得會織網的蜘蛛嗎？牠們在空中吐出白色的絲線，一針一線地做著一張小網，微風輕輕地吹著，但始終吹不斷牠的針線。蜘蛛是一種非常有耐心的動物，牠們靜靜地吐絲織網，耐心地等待，直到哪隻粗心的小飛蟲一頭栽進蜘蛛結的網中，這時候，蜘蛛就可以優雅地走過去，將這個飛蟲置於死地。等蜘蛛吃飽肚子後就繼續織網，捕殺蚊子等飛蟲。

你還記得牆上的小壁虎嗎？這可是種神奇的小動物，如果牠們的尾巴被敵人扯斷，還能長出新的尾巴來。這種神奇的小動物也是人類的好朋友，牠們幫我們消滅了許多害蟲。有些壁虎生活在人們的家中。有時在牆上爬，有時在天花板上爬，有時又在壁縫中或櫥櫃後隱藏著。小壁虎吃蚊子、蒼蠅、飛蛾等昆蟲。

你還記得手拿大剪刀的螳螂嗎？牠們也是非常厲害的高手喲！

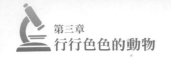

牠們的剪刀可以打敗許多昆蟲。螳螂靠那兩把大剪刀，就可以捕獲 40 多種害蟲，有蚊子、蒼蠅、蛾子、蟋蟀、蟬等。

你還記得池塘邊飛舞的小蜻蜓嗎？牠們有又薄又透明的翅膀，長得非常可愛，但最重要的是，蜻蜓也是人類捕殺害蟲的好夥伴。只要是會飛、會爬的小昆蟲、小飛蛾牠都可以吃。有的蜻蜓喜歡在水裡面停留，有的則喜歡在水草上面待著。

你看，動物界裡捕殺昆蟲的高手就有這麼多呢！

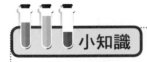

小知識

不只這幾個小動物有比較厲害的絕招，自然界中的很多動物都有保護自己的能力，牠們會根據生活環境不斷的進化，讓自己能夠不斷適應新的事物。小朋友們有沒有聽說過「變色龍」呢？牠可以把自己變得和周圍環境顏色相同，這樣敵人就找不到牠了，這位高手也很厲害吧！

濕濕的狗鼻子

　　鄰居樂樂的家裡有隻小狗，希希非常喜歡過去跟牠玩，這隻小狗可是希希和樂樂的朋友。小狗不但可愛，還非常的忠誠，這麼乖巧的朋友怎麼會不討人喜歡呢？

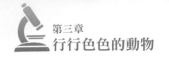

　　這天，希希在和小狗一起玩的時候發現，小狗的鼻子總是濕濕的。他和樂樂都不知道是怎麼回事，還以為狗狗生病了，於是去了寵物醫院，請醫生為狗狗看病。醫生告訴他們，小狗的鼻子濕濕的，就證明小狗的身體非常健康，沒有生病。如果發現小狗的鼻子變乾了，那就一定要帶小狗去寵物醫院檢查了。

　　為什麼濕濕的鼻子就能說明小狗身體健康呢？原來，檢查狗狗的鼻子是衡量牠們體溫是否正常的方法。健康狗狗的鼻子，摸起來是濕濕的、涼涼的。這就像爸爸媽媽摸小朋友們的額頭，透過額頭溫度來判斷小朋友是否發燒一樣。

　　很多小朋友都知道，狗狗們的嗅覺是非常敏銳的。對狗狗來說，在做任何事情的時候，嗅覺都是不可或缺的。如果狗狗們吸入的空氣是濕潤的，就更容易感覺到氣味。因為空氣中漂浮著很多微小的氣味微粒，如果這些氣味微粒黏在了濕潤的鼻子上，狗狗們聞得就會更準確。

　　只有在狗狗睡覺的時候，牠的鼻子才是乾乾的。等牠睡醒了，又會把自己的鼻子舔濕。這樣，狗狗的嗅覺又會敏銳起來了，心情也會更加的舒暢。

　　狗狗一旦生病，牠的身體水分就會不平衡，鼻子就會變得乾燥。如果摸一下狗狗的鼻子是熱熱的而且乾乾的，就可能是狗狗發燒了。

　　知道了這些，下次發現狗狗鼻子濕的時候，那代表牠們很正常呢！小朋友們就不用擔心狗狗生病了。

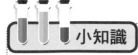

小知識

　　狗狗不但可以養在家裡陪伴我們，經過訓練還能執行很多特殊任務。比如警察會訓練狗狗搜尋毒品、炸藥，幫助人們在機場做安全檢查的工作。有的狗狗訓練以後能夠參加救援行動，在發生事故的地方尋找需要幫助的人。

蚊子軍團喜歡攻擊你嗎？

　　到了夏天，希希不知不覺就會被蚊子叮一個大包。被蚊子咬的地方總是一片紅腫紅腫的，讓人感覺特別不舒服，又痛又癢的。蚊子就像吸血鬼一樣，讓人怕又讓人恨。可是蚊子軍團為什麼會攻擊

我們呢？

　　媽媽告訴希希，不用對蚊子叮咬感到疑惑，牠們就是靠吸食人類和動物的血液才能生存的。希希一定會有自己喜歡吃的，和自己不喜歡吃的食物吧！蚊子跟我們一樣。其實　，蚊子吸血也是有選擇性的，不是所有的人都會被攻擊，蚊子軍團可是朝著自己喜歡的東西奔過去的哦！那麼，到底什麼樣的人是蚊子喜歡攻擊的對象呢？

　　科學家們發現，蚊子最喜歡能為牠們帶來豐富的膽固醇和維生素的人。蚊子是利用氣味在人群中找到牠們的攻擊對象的。

　　為了能夠填飽肚子，抓到獵物，蚊子進化出了很強的嗅覺能力。當人們呼吸時，呼出的氣體就會跑到空氣中的各個角落，這些氣味就好像給了蚊子一個開戰的信號。牠們跟蹤這種氣體，落到人的皮膚上耐心尋找「突破口」　，然後才把自己的武器——一根「針管」插入到皮膚裡面，飢渴地飲血，像喝飲料一樣暢快。如果你沒有發現牠，牠就賴著不走，能一直待十分鐘左右哦！

　　還有，蚊子也喜歡攻擊懷有小寶寶的阿姨。因為懷孕的阿姨體溫比較高，出汗很多，皮膚上會有很多的細菌，容易吸引蚊子。而且，阿姨們呼出的氣體中含有更多蚊子喜歡的化學物質。

　　看來並不是所有的人都容易受到蚊子的攻擊哦！

小知識

　　和很多動物一樣，蚊子也分為雌性和雄性，牠們喜歡的食物可是不一樣的。雄蚊子喜歡吸植物的汁液，雌蚊子喜歡血液。以後再碰到會咬人的蚊子，大家就能確定牠是雌蚊子了。

怪怪的蒼蠅

　　炎炎夏日，除了蚊子，還有一個搗蛋鬼十分活躍，那就是蒼蠅。
希希媽媽特別討厭家裡出現蒼蠅，希希忍不住問：「蒼蠅到底做了
什麼壞事，大家都討厭呢？」

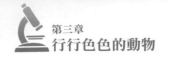
媽媽說，蒼蠅是一個很不愛乾淨的搗蛋鬼，牠根本不會去洗澡。原來蒼蠅根本就沒有鼻子，所以牠聞不到自己的身上有多麼的臭。難怪蒼蠅什麼地方都去，連那些又髒又臭的垃圾桶都不放過。因此，蒼蠅身上攜帶了很多病菌，當蒼蠅落在食物上的時候，牠不僅會吃食物，還會將牠的糞便、病菌都排在食物上。

但是，希希很快就發現，雖然蒼蠅那麼不愛乾淨，牠們卻很愛搓自己的雙腳呢！媽媽說，這你就上當了吧！這些都是蒼蠅的偽裝。蒼蠅沒有鼻子，牠用自己的雙腳感覺食物的味道，然後再用嘴巴吃。蒼蠅很貪吃，雙腳容易沾上很多食物，就要時不時地搓搓雙腳。

希希還注意到蒼蠅能落在玻璃上不會掉下來。有人以為蒼蠅是出色的雜技演員吧！但實際上，這是牠們與生俱來的本領。

人只有兩隻腳，蒼蠅卻有六隻腳，並且牠們每隻腳上都長滿了絨毛，在每隻腳的絨毛下面都有一個小小的秘密武器，這個秘密武器就是小墊子，小墊子上塗有一層膠水，這種膠水是蒼蠅絨毛尖處分泌出的一種黏液，能將蒼蠅的六隻腳牢牢地黏在玻璃上。所以蒼蠅不僅能夠吸附在光滑的物體表面上，而且還能在空中倒掛著自己的身體呢！

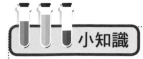

　　在很多人的印象裡，蒼蠅是一種十分可惡的昆蟲，牠不講衛生，傳播疾病。不過，由於蒼蠅非常喜歡甜食，會往花叢裡鑽，有時候可以代替蜜蜂傳播花粉。看來這個壞傢伙，偶爾也會做點好事呢！

 第三章
行行色色的動物

排隊搬東西的螞蟻

觸角　眼睛　頭部　中軀　腹柄節　腹錘

上鄂　齒　　　腿　　　螫

爸爸和希希一起在公園散步，走著走著，希希突然叫起來：「爸爸你快看，這裡有一條會動的黑繩子！」爸爸順著希希的手指看過去，然後笑了，說：「那可不是什麼黑色的繩子，那是地上的螞蟻正在排隊搬家呢！」希希走近了看，果然是螞蟻。

希希很好奇，這些小螞蟻究竟是要去什麼地方呢？難道是牠們要舉辦一個聚會嗎？於是，他也跟著螞蟻隊伍往前走，最後發現這條「黑色的小繩子」鑽進了一個小小的洞裡。哦，原來爸爸說得沒有錯啊！這真的是螞蟻在搬家呢！

螞蟻為什麼要搬家呢？其實，螞蟻搬家的背後也隱藏著一定的科學道理。螞蟻是天氣預報員，牠們一搬家就往往預示著一場大雨的來臨。因為螞蟻對空氣中的濕度非常敏感，當空氣中的濕度過大時，牠們就知道將要下雨啦！所以螞蟻要從地勢低窪的地方往高處搬。

搬家是一項非常龐大的工程，需要螞蟻家族裡的全部成員齊心協力。如果沒有及時搬家，就可能會被突如其來的大雨沖走，甚至會被雨水淹死。這就是螞蟻的生存之道，牠們懂得合作，也知道齊心協力去完成一件非常不容易的事。

希希想，以後也要學會和其他的小夥伴們團隊合作，因為不管是人還是動物，都有自己的組織，所以，只有朝著一個目標前進才會有更好的效果。

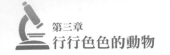
小知識

　　大家平常見到的小螞蟻都是在地上爬來爬去的，有沒有人見過長翅膀的螞蟻呢？其實，雄性的螞蟻是長有翅膀的，沒有生過寶寶的雌性螞蟻也有翅膀。不過螞蟻的翅膀很小，薄薄的，沒辦法帶它們飛到遠方去。

誰是大自然的清潔工

　　希希早就聽說過蜣螂，好像大家對這個小動物的印象都不是太好，但是，希希感覺蜣螂這個名字很有趣，他想知道，蜣螂到底是對人們有益的還是有害的呢？希希向花老師提出了疑問。

花老師告訴希希，蜣螂是一種昆蟲，牠還有另外一個名字，叫屎殼郎，牠可是會幫助人類的好朋友。蜣螂是大自然的清潔工，牠專門和動物的糞便打交道。可能有小朋友會很詫異，糞便那麼髒，但蜣螂卻偏偏喜歡滾糞球，這究竟是為什麼呢？

花老師拿來了一張蜣螂的圖片，指著照片給希希講解。首先，我們來仔細觀察一下牠的頭，蜣螂的頭部前面特別寬大，上面還有一排堅硬的扁扁的齒狀物，就像豬八戒的釘耙一樣，牠就是用這個「釘耙」來清掃動物糞便的。到了夏秋季的時候，蜣螂會在空中飛舞，尋找動物的糞便，找到以後，就飛下來，從邊緣用牠的「釘耙」把糞便切成自己可以推動的大小，然後壓在自己的身子下面，用三對足搓動，經過反反覆覆的搓和滾，糞塊就變成球了。蜣螂就可以輕輕鬆鬆把糞便球滾回家了。

蜣螂夫婦會用牠們的頭和足在糞球上挖個洞，然後在糞球上產下很多的卵，蜣螂的卵就可以變成蜣螂的小寶寶。蜣螂夫婦把產過卵的糞球推到洞裡掩埋起來。孵化出來的蜣螂小寶寶以糞球裡的營養成分做為食物。原來，蜣螂滾的糞球是在為未來的孩子們準備食物呢！

當然，蜣螂滾糞球不僅為自己的孩子準備了食物，也清理了環境當中的污物，當之無愧成為了自然界中稱職的「清潔工」。

如果在夏秋季節到田野裡，很容易能看到一對對的蜣螂夫婦忙碌著，滾動著一團團糞球。牠們正在為大自然做清潔呢！

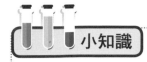

小知識

　　蜣螂，又稱屎殼郎、糞金龜。個頭不大，常見的蜣螂只有一、二公分長，腿腳都細細的，但是牠們的力氣可一點都不小。蜣螂一般會滾動跟自己身體差不多大的糞球，如果使出全力，可以推動比牠身體大幾倍的糞球，是名副其實的「大力士」呢！

喜歡唱歌的昆蟲

　　希希和媽媽經過樓下草地的時候，聽到了一陣陣「吱吱」的叫聲，希希好奇了，這到底是什麼聲音呢？媽媽告訴他，這是蟋蟀在叫，牠可是昆蟲裡的歌唱家呢！

夏日的夜裡蟬鳴早已銷聲匿跡，蟬存活的日子並不長久，所以蟬的歌聲只能算夏日裡的一首小插曲。而蟋蟀則就不同了，牠會在你窗下的草叢裡鳴唱著，從初夏一直到夏末，歌聲歷久不絕。可以說是當之無愧的昆蟲裡的歌唱家。

　　蟋蟀們總是等到太陽下山後才開始唱歌，雄性的蟋蟀用背上的一對翅膀相互摩擦發出鳴叫。鳴叫的頻率取決於每秒鐘摩擦的次數，頻率從最低的每秒 1500 次到最高每秒 10000 次！而且呢，鳴叫的速度也跟當時的溫度有關，溫度高的時候鳴叫的頻率就會加快。

　　蟋蟀的歌聲大概可以分成兩種，一種表示蟋蟀想找女朋友了，另一種則表示驅逐進入自己領地裡的其他蟋蟀。所以說如果小朋友們見到了怎麼挑逗都不會叫出聲的蟋蟀，那麼恭喜你，你抓到的是一隻雌性的蟋蟀，因雌性蟋蟀是不會鳴叫的。

　　來看看真正的大歌唱家雄性蟋蟀。每秒 10000 次的聲音震動對人類的高音來說是望塵莫及的，如果說蟋蟀在求偶的時候唱的是情歌，那麼互相爭鬥的時候唱的就是戰歌了。這個歌聲就是在警告對方：你進入我的領地了，要嘛你滾出去，要嘛我消滅你！碰到膽小的蟋蟀，早就被歌聲給嚇跑了。而碰到不服的蟋蟀，兩者先用歌聲來較量，通常是分不出勝負的。歌聲的結束則是戰鬥的開始，而戰鬥的結束往往伴隨著另一隻蟋蟀的慘敗，對蟋蟀之間的戰鬥來說，敗者被咬掉一隻腿是很常見的事情。而勝利者在戰勝之後也會高歌一曲，一來炫耀自己的實力，二來是想得到雌性蟋蟀的青睞。

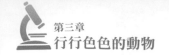
如此看來蛐蛐是當之無愧的昆蟲中的歌唱家，既會情歌又會戰歌，既能低聲吟又能高聲唱。

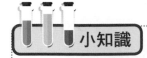小知識

男生向女生表白時會送上漂亮的鮮花，雄蟋蟀向雌蟋蟀表白時會唱動聽的歌曲。不過，不要這樣就以為雄蟋蟀是個好伴侶，牠們可是相當花心的。在蟋蟀家族中常常會出現「一夫多妻」的情況，哪個雄蟋蟀更勇敢，唱歌更好聽，就能贏得更多雌蟋蟀的喜愛。

小蜜蜂的武器

　　在草地上、花叢間，我們常常看到辛勤的勞動者——小蜜蜂，它們總是在飛來飛去，不辭辛苦地勞動著，在花間採蜜，為花授粉。媽媽叮囑希希：「看到小蜜蜂千萬不要去打擾牠們，要盡量避開。」

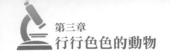
希希點點頭，想了想問：「可是，媽媽，如果真的有人去打擾小蜜蜂，牠們會怎麼辦呢？」

媽媽告訴希希，如果有人打擾小蜜蜂採蜜，會讓牠們很生氣，小蜜蜂會用牠的武器來懲罰那些搞破壞的人。但是，牠懲罰了別人也會導致自己壯烈「犧牲」。希希好奇了，小蜜蜂擁有一件什麼樣的武器，在懲罰了別人的同時也犧牲了自己呢？

其實，小蜜蜂的武器是一根連著牠五臟六腑的刺。在一般的情況下，小蜜蜂可沒有那麼的傻，動不動就生氣，去扎別人一下，這扎一次可是要付出很高的代價的。除非是真的惹到了牠，牠不得不用自己的生命去懲罰別人。

蜜蜂的刺尖端有細小的倒鉤，這根刺直接連著蜜蜂體內的毒腺。當有人侵犯蜜蜂或破壞蜜蜂的家時，蜜蜂就會將這根小小的毒刺刺進對方的體內，釋放出一些有毒的物質。但是由於牠的刺上有倒鉤，只要蜜蜂用力向外拔出刺進去的刺，毒刺連著蜜蜂的內臟都會脫離牠的身體，隨後蜜蜂自己也會死去。其實，可憐的小蜜蜂並不是見誰都螫的，牠們螫人也只是為了自我保護。

所以，小蜜蜂也是不會輕易使用牠的武器的，只有受到侵犯，需要保護自己和自己的家園的時候，牠才會以死相拼。

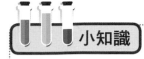

　　小蜜蜂的勤勞在動物世界可是出了名的，採集花蜜是一件十分辛苦的工作。採蜜時，小蜜蜂身上掛著裝花蜜的蜜囊，牠要拜訪一千多朵鮮花才能裝滿一個蜜囊。要釀出一滴蜂蜜，一隻小蜜蜂得辛苦很多天，真是不容易呢！

閃閃惹人愛的螢火蟲

　　希希看電視的時候，發現一種會發光的小飛蟲，閃著綠瑩瑩的光在草叢裡飛舞，非常漂亮。希希問爸爸：「這種小飛蟲叫什麼，牠們為什麼能發光呀？」爸爸說：「牠叫螢火蟲，螢火蟲發光的原理可不簡單。」

在螢火蟲的腹部有一個車燈一樣的器官，叫做「發光器」。既然有了車燈，那就要有燈泡，這個燈泡就是「發光細胞」。光有這些還不夠，小朋友們知道螢火蟲的光為什麼如此明亮嗎？原來，螢火蟲的腹部有一個像燈罩的聚光武器，這就是「反射層細胞」，牠會將發光細胞發出的光集中起來，讓人覺得相當明亮。螢火蟲就是靠著發光器、發光細胞，和反射層細胞，變得閃閃發光，討人喜愛的。

當螢火蟲停在我們的手上時，我們不會被螢火蟲的光給燙到，所以有些人稱螢火蟲發出來的光為「冷光」。那麼，為什麼螢火蟲發出的光是冷的呢？你們還記得螢火蟲腹部的燈泡嗎？它裡面有一種含磷的化學物質，它產生的能量大多數變成了光亮，只有不到百分之十的能量轉為熱能，所以螢火蟲發光卻並不燙手。

螢火蟲的光是那麼的有趣，但是螢火蟲被人抓到手中時，就不發光了。那是螢火蟲被抓給嚇到了，立即關掉燈光，以免別人發現自己，是牠們受到驚嚇時的一種反應。

小知識

螢火蟲也有雄性和雌性的分別。雌性的螢火蟲個頭比較大，沒有翅膀，不能像雄性螢火蟲那樣飛來飛去。不過，雌性螢火蟲發出的螢光更亮，更容易吸引大家的注意。螢火蟲發光是吸引伴侶的一種小技巧哦！

飛蟲的聚會

　　在黑暗的世界中，我們什麼也看不見，所以光明對我們來說非常重要。不知道大家有沒有注意到，動物們好像也很喜歡光明。盛夏的時候，燈光下的飛蟲，成群結隊地來回飛舞，彷彿在開一場營

火晚會。希希注意到了這種現象，但是他有點不明白，飛蟲為什麼喜歡在有燈光的地方嬉戲玩耍呢？更令人驚訝的是，如果前方是火，飛蟲也會奮不顧身地往前衝，哪怕丟了性命，也要飛向光源。

花老師知道了希希的疑問，笑著說：「希希，我來給你講講小飛蟲喜歡燈光的真正原因吧！」

很多夜行性昆蟲有趨光性。什麼叫趨光性呢？其實就是非常喜歡光，只往有光的地方跑，牠們天生就是這樣的。

小飛蟲的飛行方式很特別，牠們通常以月亮為導航座標，飛行時不是垂直於月光，而是呈斜交；牠們容易將燈火誤認為是月亮，結果就會以螺旋形漸近線的軌跡飛向燈火。這些飛蟲都有點像盲人，牠們的眼睛不太好，看見的影像都不太清晰，但牠們對光亮非常的敏感，所以飛蟲們有很強的趨光性。這下小朋友們明白了吧！我們說「飛蛾撲火」，其實飛蛾並不是真的想往火裡撲，因為牠們的眼睛無法確定火到底在哪，才會飛進火焰而死亡。

飛蟲眼神不好，因為牠們長的是複眼，什麼叫複眼呢？我們人類的眼睛是一邊一個，總共兩個。而飛蟲的眼睛由許許多多單隻眼睛組成的，它們構成了兩個大大的複眼。擁有複眼的飛蟲反應速度快，能很好地躲避敵人的捕捉。但是，複眼的缺陷也使昆蟲的眼神變差了。

眼睛特殊，飛行的方向也特殊，就這樣，飛蟲們身不由己，一不小心，就踏入了火坑，其實，這樣丟掉性命，牠們也不想啊！

小知識

　　趨光性是很多小昆蟲的本能，就像我們冷了想穿暖和的衣服一樣，牠們想得到充足的光線。怎麼判斷哪些昆蟲有趨光性呢？很簡單，夜晚飛行的小昆蟲多數都有趨光性。當然了，有的動物喜歡光，也有的動物討厭光，比如蝸牛，就喜歡在光線少的地方待著。

毛毛蟲的魔法

　　鮮花盛開的季節，希希在公園常常看到漂亮的蝴蝶，牠們擁有豔麗的翅膀，優雅地穿梭在百花叢中。這天回到家，希希問媽媽：「蝴蝶為什麼會那麼漂亮呢？牠們的爸爸媽媽是不是也非常的漂亮呢？」

　　媽媽告訴希希，蝴蝶其實是由很醜很醜的毛毛蟲變來的。這怎麼可能呢？希希感覺有些不可思議。

　　其實啊，在樹枝上慢慢前行的毛毛蟲，就像會唸咒語的魔法師。牠們一直在為自己織一件白色的魔法外衣，小毛毛蟲一邊織衣服一邊唸著咒語，一針一線、仔仔細細地織。小毛毛蟲一邊織著這件魔法外衣，還會親自試一試。牠一邊織一邊穿，這一穿可不得了，從此以後小毛毛蟲就愛上了自己的外衣。這個魔法師就將自己的全身裹在外衣裡，然後停在樹上的某個角落，安靜地享受一個人的世界。

　　下面，魔法師毛毛蟲就會給大家帶來一個神奇的魔法。為了能夠吸引大家，牠會安靜地藏在那件魔法外衣裡進行修練。這個時期的毛毛蟲非常神祕，所以人們就給牠取了一個特殊的新名字，叫做蛹。

　　數十天後，從魔法外衣裡飛出來時，蛹就變成了美麗的蝴蝶，牠們的翅膀五顏六色的，非常漂亮。毛毛蟲是一個多麼優秀的魔法師啊！

　　可愛的毛毛蟲先變成蛹，然後再變成美麗的蝴蝶從魔法外衣裡面飛出來。這是要經過很長時間的。魔法外衣裡面一片黑暗、沒有光明，小毛毛蟲變身也很不容易呢！

　　知道嗎？不同的毛毛蟲變蝴蝶的時間是不同的。最短的只需要10天左右，而最長的需要三年呢！春季、夏季的毛毛蟲需要花一個月的時間才能變成蝴蝶，有的需要花上三個月的時間，少數的毛毛

蟲要花上六個月時間。

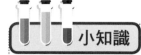 小知識

　　毛毛蟲是蝴蝶小時候的樣子。小朋友們長大後樣子也
會變化，不過沒有像毛毛蟲的變化這麼大。像毛毛蟲這樣小
時候和長大後完全不同的動物還有很多，比如青蛙，它們小
時候是黑黑的小蝌蚪。

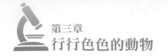

挑食的蠶寶寶

　　希希的朋友家養了**蠶寶寶**，希希聽說**蠶寶寶**只吃桑葉，別的樹葉碰都不肯碰。希希問媽媽為什麼**蠶寶寶**們只吃桑葉呢？媽媽為此講了一個關於**蠶寶寶**挑食的故事。

　　蠶寶寶們喜歡吃桑葉，因為桑葉中有薄荷氣味，**蠶寶寶**們很喜

歡這種薄荷氣味，就像小朋友們也有自己愛吃的東西一樣，牠們逐漸養成了這種食性，並且遺傳下來。

那是不是有桑葉氣味的葉子蠶寶寶就會吃呢？如果將萵苣葉放進罐子裡，再把罐子倒滿薄荷水，最後把罐子密封起來，過一會兒，拿出萵苣葉，就會發現萵苣葉的薄荷味已經和桑葉的差不多了。把萵苣葉晾乾後，放進蠶寶寶的「臥室」裡，很快，牠們都爬到萵苣葉上，津津有味地吃起來。如果用同樣的方法餵牠們一些楊葉、榆葉、蒲公英葉等，蠶寶寶同樣會喜歡吃的，並且牠們還會長得非常健康哦！

希希是不是又有疑問了，為什麼只要是有薄荷味的葉子蠶寶寶都會吃呀？蠶是靠嗅覺來辨別桑葉的氣味的，如果破壞這些器官，牠就無法辨別桑葉的氣味，食性也會改變。蠶寶寶的頭部有一對很短的觸角，觸角上有個小孔，如果用膠水塗在小孔上，或者把蠶的觸角都塗上一層膠水，蠶寶寶無法辨別桑葉的氣味，即使是沒有桑葉氣味的葉子也會吃掉。

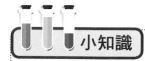

小知識

蠶寶寶有點嬌氣，牠們喜歡住在乾爽的房子裡，潮濕的地方可是會讓牠們不舒服的。蠶寶寶長大以後會織件衣服把自己裹起來，過一段時間，從衣服裡出來的蠶寶寶就長出翅膀了，大家可以叫這時候的蠶寶寶為「蛾」。

在樹上撒尿的蟬

　　炎炎夏日，在樹木比較多的地方，常能聽到時高時低的蟬叫聲。

其實蟬對希希來說並不算陌生，夏天，希希在樹林裡玩耍的時候，

在樹上發現過蟬蛻，這是蟬在蛻皮後留在樹上的。

蟬是一種昆蟲，牠還有個名字叫知了。希希聽爸爸講過，有的地方會把炸得金黃的蟬做為一道菜，據說是一道非常美味的菜餚。科學家證實，蟬的營養是極其豐富的，蛋白質、維生素及各種有益的微量元素均高於一般的肉類食品。

今天希希讀古詩的時候發現了有關蟬的詩句，媽媽告訴他，有的人喜歡蟬的叫聲，感覺這是一種不經雕琢的聲音，有人不喜歡蟬的叫聲，感覺牠的叫聲單一而乏味。不管喜歡與否，我們可不能忘記蟬的本性哦！本性？什麼本性？希希有些不解。

蟬停在樹枝上時，一邊引吭高歌，一邊用牠尖細的口器刺入樹皮中，吸吮樹的汁液。蟬的嘴像一支硬管子，方便插入樹幹。蟬主要的食物就是樹的汁液，汁液裡的營養與水分進入蟬的體內，可以延長蟬的壽命，使蟬有足夠的時間完成產卵。蟬吸取樹的汁液時會吸引口渴的螞蟻、蒼蠅、甲蟲等，都來吸吮樹汁。這時，蟬又會飛到另外的樹枝上，再開一口「泉眼」，繼續為昆蟲們提供飲料。如果一棵樹上被蟬插上十幾個洞的話，會流失很多樹汁，樹可能枯萎而死。可見蟬也有不好的一面。

當蟬受到攻擊時，會向對方射出一股汙水似的液體，這是蟬的尿液。蟬以樹汁為食，當牠感到有威脅時，會迅速把貯存在體內的廢液排出，用來減輕自身的重量，一來干擾攻擊者，二來為自己的逃跑提供時間。蟬與其他昆蟲的區別則在於，牠的尿液都貯存在直腸囊裡，隨時都可以排出體外，而且這些尿液相當不易洗掉。

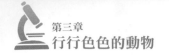

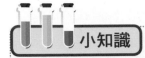

小知識

　　蟬剛出生的時候可不住在樹上，小時候的蟬住在黑暗的土地裡，身上長著硬硬的殼，一點也不好看。長大以後，牠們會選擇黃昏或夜晚從土裡鑽出來，爬到樹上脫下硬殼，最終變成我們見到的樣子。

危害植物的蚜蟲

　　花老師給小朋友們介紹了一種危害蔬菜的害蟲——蚜蟲，牠們能讓農民伯伯的莊稼生病，生產不出健康的蔬菜。為什麼蚜蟲的危害會這麼大呢？牠又是怎樣危害植物的呢？

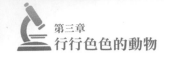

蚜蟲生活在世界各地，牠們穿著黑色的衣服，有的還長著翅膀。最可怕的是，蚜蟲一生下來就能生育下一代。花老師告訴大家，蚜蟲不需要雄性就可以懷孕，如果人類以蚜蟲的速度生育後代，那麼一個女人一天生下的嬰兒可以坐滿一個網球場，真是可怕的數據。

蚜蟲通常生長在菜葉背面，或植物嫩莖等的稚嫩地方。蚜蟲常常成群結隊地藏在菜葉下，牠們的嘴天生就擅長吸食東西，只要是植物的汁液都會毫不留情地喝掉，把植物裡的營養物質都吸走了，植物就生病了，無法健康成長，甚至威脅到植物的生存。

蚜蟲在成長過程中產生大量蛻皮和排泄物，會誘發蔬菜煤煙病。不但污染葉面，還降低了蔬菜的營養價值。所以農民伯伯發現蚜蟲後，都會噴灑農藥消滅牠們。

除了蚜蟲外，還有不少害蟲也會威脅蔬菜的生長，我們吃到的營養蔬菜實在得之不易呢！

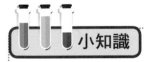

小知識

蚜蟲在吃菜葉的時候，會產生一種含有糖分的蜜露，每隔一兩分鐘，蚜蟲就將一些蜜露排出體外。這對螞蟻來說是一種可口的美食，於是螞蟻們爬到蚜蟲身邊，一邊吃蜜露，一邊打跑蚜蟲的敵人，兩個傢伙自然而然就成了搭檔。

金龜子的故事

　　希希在陽臺上給花澆水時，發現了一隻小甲蟲，牠背着橙色的殼，上面還有幾個黑色的圓點。希希把媽媽叫了過來，問：「媽媽，這是什麼呀？」媽媽看到後，說：「這是金龜子，是一種害蟲。」說著，

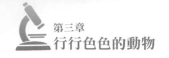
揮了揮手，金龜子一下就飛走了。希希覺得有點遺憾，這麼好看的小甲蟲居然是害蟲。

金龜子也有自己的故事，但牠的故事並不感人，牠會破壞別人的勞動果實。金龜子是種個子非常小的昆蟲，但牠特別貪吃，牠喜歡吃的食物種類很多，例如梨、葡萄、蘋果、柑橘等等。這也難怪有人說牠是害蟲了。金龜子長著六條細細的足，很方便在枝幹上爬上爬下，吃起植物來也非常地自由爽快。

金龜子是一種昆蟲的總稱，全世界有超過兩萬六千多種，在中國大約有一千三百種。常見的有黑瑪絨金龜、銅綠麗金龜等。除了冰冷的南極洲找不到牠們的身影，地球的其他角落都有金龜子存在，不同種類的金龜子喜歡不同的環境，有的生活在沙漠，有的生活在森林或草地中。

當金龜子還是小寶寶的時候，通常生活在土壤中，汲取土壤中的營養成分。慢慢長大後，牠們就會悄悄穿上堅硬的盔甲，身上長出堅硬的殼，牠的殼表面光滑，有金屬的光澤，讓金龜子彷彿穿了一件無敵戰甲。這時的金龜子會離開土壤，去吃植物的葉子，或果實、種子。比如一種叫做日本豆金龜的金龜子，就專門偷吃果樹和花葉。

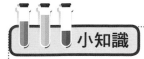

雖然多數的金龜子都是偷吃果實的搗蛋鬼，不過，金龜子家族裡也有不按常理出牌的怪傢伙。比如糞金龜，看名字大家就能猜到牠愛吃什麼了吧，沒錯，糞金龜和蜣螂一樣以動物的糞便為食，也是大自然的一位清潔工呢！

海底有顆美麗的星

　　夏天的時候，希希很喜歡跟爸爸媽媽一起去海邊，大海就像一個神祕的百寶箱，裡面裝著許許多多的寶物。這次，希希就在海邊發現了一個有趣的小夥伴，牠叫海星。

海星是生長在海裡的一種生物，外形像星星，什麼顏色都有。海星長著四到六個腕足，看起來像四角星、五角星或六角星。在海星的每個腕足下端都有一個紅色的眼點，海星雖然沒有眼睛，但可以用眼點來感光。

　　海星身上還有許許多多的感應器哦！透過那些細小的感應器，牠就能夠察覺到食物的方位。海星的身體內可以流進海水，海水與海星體內的感應器接觸，海星就能察覺到周圍的事物了。

　　海星不僅愛玩，也很愛吃，牠能吃很多東西。海星能捕食行動緩慢的海洋動物，像螃蟹這種慢慢走動的傢伙，海星就很喜歡吃。海星能將自己的胃從嘴裡吐出來，將自己要吃的食物捲住，和胃一起縮進肚子裡。

　　海星雖然愛玩又愛吃，但是牠卻十分的有耐心，尤其是在捕獲獵物的時候。海星總是慢慢地接近獵物，不發出一絲聲音，讓對方察覺不到。最後，用腕足捉住獵物，並用整個身體包住牠，然後將胃袋從口中吐出。海星的胃袋上面有一種能夠溶解食物的黏液，消化食物非常快。

　　另外，海星生命力非常頑強。如果將海星撕成幾塊拋到海中，每一個碎塊還能生長出已經失去的部分，慢慢地誕生一個完整的海星。真是令人難以置信，這像不像海星的分身術呢？

　　在湛藍湛藍的海洋世界中，海星也在一閃一閃亮晶晶哦！

小知識

　　海星長得肉肉的，顏色也很漂亮，趴在沙地上的海星看起來懶洋洋的，一點都不危險。大家不要被海星的外表騙了哦，牠可是不折不扣的肉食動物，螃蟹、海葵、海膽都是牠喜歡的美味。

愛吐泡泡的螃蟹

　　希希感覺螃蟹是種很奇怪的水產。每次跟著爸爸媽媽買螃蟹的時候，總看到有螃蟹在吐泡泡，用手碰牠一下，兩隻威武的大鉗子就揮舞開來。為什麼螃蟹愛吐泡泡呢？爸爸媽媽也愛挑那些吐泡泡

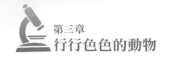

的螃蟹，牠們跟不愛吐泡泡的螃蟹難道有什麼不一樣嗎？

螃蟹是生活在水中的一種甲殼類動物。牠和魚兒一樣，用腮來呼吸。但是牠的腮跟魚兒也有不同的地方，魚兒的腮長在魚頭的兩側，螃蟹的腮則是分成很多海綿一樣的羽狀腮片，長在身體上面。螃蟹的身體有堅硬的頭胸甲來保護，就像一位穿著盔甲的將軍，全身的盔甲讓敵人毫無辦法，橫著走起路來也是那麼的威風。要是有人很霸道的話，大家都說他像螃蟹一樣橫著走，由此可見螃蟹可是一種不太好惹的傢伙。

螃蟹呼吸時，會從身體後邊吸進新鮮的清水，溶解在水中的氧氣會被腮中的微小血管吸收。其他水分跟物質，流過腮之後從嘴的兩邊吐出來。螃蟹雖然生活在水裡，但仍然要經常上岸覓食。因為水中的食物滿足不了這個貪心的盔甲將軍。螃蟹離開水以後並不會馬上乾死。因為螃蟹的腮裡還儲存著充足的水分，依然可以不停地呼吸。但是，如果長時間待在陸地上，這個傲慢的大將軍就會開始吃不消了。腮中的大部分水分會被空氣帶走，腮則逐漸變得乾燥，呼吸越來越困難。這個時候的螃蟹，可不想讓人知道自己呼吸困難了，牠裝出鎮定的樣子，就像在水裡那樣呼吸，可是畢竟不是在水裡，所以螃蟹的呼吸就會加快，不斷把空氣吸入腮中，再把體內的少許水分連帶著空氣一起排出，於是就形成了透明的水泡。

爸爸媽媽挑那些吐泡泡多的螃蟹，因為牠們身體裡還有很多水分供自己存活，而那些吐泡泡很少很慢的螃蟹，則快要死了。原來

吐泡泡是生命力旺盛的表現呢！

小知識

　　螃蟹的眼睛是複眼，位於可動的眼柄頂端，外面包有一層透明的角膜。眼柄的功能在於托住複眼，有如潛水艇上的潛望鏡一般，讓眼睛居高遠望，有時直立，有時倒著橫躺在眼窩裡。隨著螃蟹種類的不同，眼柄有長有短，最長的可達三公分以上。

　　而螃蟹的步行腳上有一些小器官，這些小器官位於節與節之間的關節處，對「振動」很敏感，稱為「弦音器」，是螃蟹的耳朵。有些螃蟹（如招潮蟹）會以螯敲擊地而來「通話」，並靠著腳上的耳朵來分辨的。

睜著眼睛睡覺的魚

　　希希爸爸買回來幾條小金魚，養在魚缸裡。希希很喜歡趴在魚缸邊看小金魚們搖頭擺尾地游泳，時間久了，希希發現小金魚一直睜著眼睛，從不眨眼，這是為什麼呢？

168

魚兒其實是個膽小鬼，在大海裡，看似平靜的水中其實暗流湧動。魚兒們被水流沖得東倒西歪的，一旦閉上眼睛睡著後，再次醒來很可能就不知道自己在哪裡了。這還不是最重要的，一旦被其他的肉食魚發現自己睡著了，那這條魚很可能就會小命不保了。

　　小魚們可不想遭遇這樣的命運，於是膽小的魚兒們進化出了完全不同於其他動物的眼睛。首先，魚兒是不會眨眼的，魚眼的最外層是一層透明或者半透明的保護膜，這個保護膜取代了眼皮的功能，能讓其他的動物誤以為魚兒一直盯著牠看！不管其他的動物怎麼變換觀察角度，那雙眼睛就是目不轉睛地盯著看，讓其他動物不敢冒然靠近。

　　魚兒眼睛的內部構造也跟其他的動物不同，人的眼睛裡有透明的水晶體，透過改變水晶體的厚度來看清近處或遠方的事物。魚眼中的水晶體呈圓球形，視覺的遠近是透過調節水晶體的前後移動來實現的。由於前後可以移動的空間有限，所以魚兒的視力也極其有限。可以說魚兒是動物中數一數二的近視眼。不是靠近到魚兒眼前，牠們是看不清東西的。不過小朋友們不用擔心，魚兒們也是很聰明的。魚兒們知道自己的視力不好，眼睛難以勝任很多工作，於是就進化出了非常靈敏的觸覺感官，能察覺到細微的震動和一絲一毫的水流。可以說，即使沒有眼睛，魚兒的生活也不會受到影響。如此一來魚兒們就可以放心睡覺了，睡著的魚跟沒睡著的魚看起來是沒有兩樣的，在水流的推動下好像在游動一樣。聰明的魚兒用眼睛給

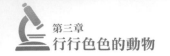
自己做了一個出色的偽裝。

　　我們見不到魚兒閉上眼睛睡覺的樣子，是聰明的魚兒們不斷進化的結果。

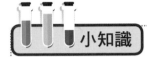

小知識

　　我們知道，地球上有海洋也有河流，這兩個地方都有魚類生存。海水裡的鹽分比河流裡的多，生長的魚類也有區別，生存在海裡的魚類叫做海水魚，生存在河流湖泊裡的魚類叫淡水魚。

會生寶寶的海馬爸爸

　　這天，爸爸帶希希來到了海洋館。希希見到了許多平常見不到的珍稀魚類，開心極了。在一個大水族箱裡，希希發現了一種奇怪的生物，牠立在水中，頭部長得像馬，尾巴有點像魚。爸爸告訴希希，這種動物叫海馬，牠可是很有特色的海洋生物呢！

海馬雖然名字裡有「馬」，但是牠除了外觀有一點像馬之外，跟馬沒有一點點的關係，牠其實是魚類的一種。海馬這匹「馬」最大的也不過 30 釐米左右，是一匹袖珍的「馬」。在古希臘的神話故事裡，海馬是海神的坐騎，可見古時候的人們認為海馬是一種很奇特的動物，不然人間的動物怎麼能做為海神的座駕呢？

海馬確實有與眾不同之處，先不說牠華麗的外觀，光是海馬爸爸負責帶孩子就能讓人跌破眼鏡了。原來，海馬媽媽是不管小海馬的，一切的任務都交給了海馬爸爸，小海馬從出生後就跟著海馬爸爸。不過，生育小海馬並不是完全由海馬爸爸完成的。像袋鼠一樣，海馬爸爸也有一個類似的育兒袋。海馬媽媽的任務只有一個，那就是把卵產在海馬爸爸的育兒袋裡，剩下的就完全交給海馬爸爸了。卵在育兒袋中孵化出海馬寶寶，小海馬可以獨立生活之前，海馬爸爸都會細心地照顧牠們。

其實，不論是海馬爸爸還是海馬媽媽，都是愛著海馬寶寶的，只是彼此之間的分工不一樣，跟別的動物也並沒有本質上的區別。

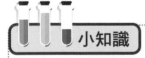

小知識

海馬雖然是一種魚，長相卻很特別，還養成了特別的習慣。牠們喜歡待在海藻叢裡，用尾巴卷住海藻枝，隨著水流晃來晃去。就算為了吃東西暫時離開了海藻，游出一段距離後又會找其他的東西卷住，真是有點懶惰呢！

頭頂有片藍藍的天

藍天有多高

	散逸層
483km	暖層
80km	中間層
48km	平流層
	臭氧層
16km	對流層

週末了，媽媽帶希希一起去放風箏。五彩的風箏在藍藍的天上越飛越高，希希手裡的線都放完了，風箏卻像還能飛得更高似的，把線繃得直直的。希希抬頭看了會兒風箏，發現藍天比風箏還要高，他忍不住跟媽媽說：「我的風箏已經飛得很高了，藍天怎麼還是在風箏上面啊！」媽媽笑著說：「藍天可比我們想的高多了。」希希問：「那藍天到底有多高呢？」

　　天空為什麼被叫做「藍天」呢？因為從地球上仰望天空的時候，能夠看到一片藍色，所以被稱為「藍天」。曾經有人做過這樣一個實驗，讓氫氣球慢慢地升上天空，對天空的顏色做一次詳細的觀察測試。氫氣球從地面緩緩升起，一直達到八點六公里的高度時，天空還是藍色的。升到十點八公里高空的時候，天空的顏色變成了暗藍色。當氫氣球升到十三公里的時候，天空變成了暗紫色。當氫氣球超過十八公里的時候，因為距離地面已經有很高的距離了，所以空氣比較稀薄，光不能發生散射，這時的天空呈現一片暗紫色。天空會出現什麼與眾不同的景象嗎？這時候太陽和星星在天空中同時爭輝。從這個實驗中可以得到一些結論，實實在在的藍天距離地面有十公里左右。

　　這個答案是不是讓大家很吃驚。其實，這個答案也不是很準確，因為這是很久以前的一個結論，現在我們的氫氣球能夠飛離到距離地面更高的地方，還有火箭、飛機、人造地球衛星等高科技的設備，對於大氣層的研究和探索有了更科學的認識。科學家們為了研究我

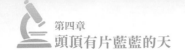

們神祕的大氣層，經過長時間的探索。他們對大氣層內所含的成分、化學特徵、物理性質等方面進行研究，將整個大氣層劃分成了若干個層次，大家對於大氣層的瞭解越來越多，也越來越準確。

　　藍天就像是我們的保護傘，阻擋了很多輻射，將我們牢牢地保護起來，隨著工業汙染的出現，藍天也受到了影響，但是大家都希望天空能一直蔚藍蔚藍的，環境保護越來越受到大家的重視。

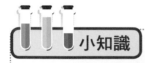小知識

　　藍天，其實是地球的大氣層，它本身是沒有顏色的。當太陽光照進大氣層以後，會遇到空氣裡漂浮的小顆粒，藍色和紫色的光線比較弱，翻不過這些小顆粒，因此在空氣裡散射得到處都是，天空看起來就會變成藍色的了。

暖暖的陽光

光球層

太陽黑子

核心

輻射層

色球層

日珥

日冕環

希希媽媽常常對希希說要多多運動，多曬太陽。尤其是天涼了以後，曬太陽能讓整個人都變得暖呼呼的。希希問媽媽：「為什麼太陽總是暖和的，甚至到了夏天還很熱，它的溫度是不是特別高呀？」媽媽拿來一本百科書，翻出太陽的圖片，開始給希希講太陽的知識。

太陽是一個能夠自己發光發熱的氣體星球，小朋友們知道它的表面溫度有多高嗎？大膽地往上猜，100 度？還是 300 度？告訴大家吧！太陽的表面溫度是攝氏 6000 度，而它的中心溫度可以達到攝氏 1500 萬度。小朋友們可以想像到這個數字有多厲害嗎？我們人體正常的體溫只有攝氏 37 度，燒得滾燙的開水也不過攝氏 100 度哦！太陽距離地球很遠，可是，從它那裡發出來的光照射到地球上，夏天的時候仍然讓人感到很熱，這就是太陽的溫度。太陽要比地球大得多，它的半徑是地球的 109 倍，重量大約是地球的 332000 倍。這樣大的一個星球，發出來的光和熱是非常龐大的，大家有沒有感覺太陽很厲害呢？

暖暖的陽光就像一種希望，它是地球上各種生物存活的必要條件，植物有了陽光才能生長，動物有了陽光才能看到東西，沒有陽光地球就不會像現在這樣生機勃勃。希希現在和媽媽一起在陽光下曬太陽，是不是可以真真切切地感受到太陽給我們的溫暖呢？

陽光不但溫暖，還很漂亮呢！等一下媽媽教希希做肥皂泡泡好不好？然後我們把它裝到一個小容器裡，吹泡泡的時候，你就可以

看到泡泡在陽光的照射下會出現好幾個顏色，它們的色彩也是非常漂亮，像是彩虹的顏色一樣的絢麗，這些小泡泡就會變成陽光下的小精靈了。希希有些迫不及待地想要和媽媽一起去吹泡泡，想看看這些泡泡會不會有媽媽說的這麼神奇。

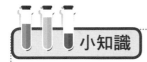

小知識

　　大家知道了太陽的溫度，那麼知不知道陽光是什　顏色的呢？人們常常以為太陽光是白色的，其實陽光是由紅、橙、黃、綠、藍、靛、紫七種單色的光組成的。在陽光下通過一些透明的物體很容易看到這七種不同的光。玩過吹泡泡的小朋友應該發現了，透明的泡泡在陽光下會變得五顏六色，很像彩虹，原因就是太陽的七色光被折射出來的。

太陽離我們有多遠

太陽公公每天早上很早很早就起來了，它悄悄地爬上我們的窗臺，把房間曬得暖洋洋，每天希希睜開眼睛的時候，總是不忘對太陽公公說聲早安。希希已經知道太陽的溫度很高，不過由於離地球很遠，我們並不能直接感受到太陽的高溫，但是，希希又開始好奇太陽離地球到底有多遠了。媽媽今天有事出門了，希希就到書房請教爸爸。

　　爸爸聽了希希的問題，放下手中的書，想了想說：「希希你知道地球是橢圓的嗎？地球公轉的軌道也是橢圓的，所以太陽和地球之間的距離並不是固定不變的。」爸爸說著拿起紙和筆，開始畫圖，邊畫邊繼續解釋：「地球的赤道半徑是 6375 公里，太陽的為 696295 公里，地球公轉的軌道半徑是 1.5 億公里，這個距離就是太陽和地球的平均距離。然後根據太陽、地球的直徑和它們之間的距離，我們可以畫一個很直觀的圖，你就更容易明白這之間的關係了。」希希看到爸爸給自己畫出來的非常具體的圖，能知道太陽與地球之間的距離關係。

　　地球運行在一個環繞太陽的非常大的橢圓軌道上，這樣就會在兩端形成遠日點，中間的兩個點形成近日點，近日點是我們距離太陽最近的時候，當然，遠日點就是我們距離太陽最遠的時候。地球每年到達近日點和遠日點的時間比較固定，到達近日點是在每年的一月初，是一年中比較冷的時候；到達遠日點在每年的七月初，是一年中比較熱的時候。大家有沒有看出什麼問題來呢？離太陽近的

時候冷，離太陽遠的時候反而熱，這是怎麼回事呢？原來，地球上最熱的地方是太陽直射的地方，其他的地區隨著太陽照射角度的變小，溫度依次降低，一月初太陽直射南半球，北半球就到了一年中比較冷的時期。即使地球離太陽近了，溫度卻不高。我們處於北半球，地球離太陽近的時候正是比較寒冷的時候。

現在希希對於太陽和地球之間的關係是不是又更進了一步呢？

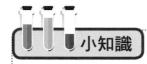

小知識

　　太陽和地球間的距離被科學家們叫做「天文單位」，用數字表示大約是一億五千萬公里，天文學家根據它算出了很多資料。它可是天文學屆的一名大將啊。

太陽會老嗎？

太陽的生命週期

當前　　　　　　　紅巨星　　行星狀星雲

白矮星

誕生　1　2　3　4　5　6　7　8　9　10　11　12　13　14

單位 十億年

　　透過日常累積的知識，希希知道了人類會老，小鳥、花草、樹木都有它們的壽命，希希見過凋謝的花朵和枯萎的小草。那麼，天上的日月星辰會老嗎？在希希心裡太陽好像不會老，它每天都一樣，充滿活力和朝氣，那太陽是不是真的不會變老，它是不是永生的呢？媽媽問希希：「你希望太陽一直掛在天上給我們光明和溫暖嗎？」希希點頭說：「當然希望了。」媽媽說：「希希，太陽這次可能會讓你失望了。」

　　太陽和人類是一樣的，它的壽命也是有限的。太陽也會老，只不過它比我們存在的時間久遠太多。大家知道太陽是什麼時候出現的嗎？太陽大約在 50 億年前就誕生了，它由銀河系中的氣體雲和塵埃組成。據推測，太陽的壽命大概有 100 億年，現在的太陽就像是個到了中年的人，現在的它正值身強體壯的時候。太陽每秒鐘要消耗掉大約 700 萬噸的物質，當太陽內部的物質消耗得越來越少的時候，它的「肚子」就像被掏空了一樣，但是它外表會膨脹，溫度逐漸降低，接著就變成了紅巨星，之後太陽會變成了一個很小很小的白矮星，這時的太陽已經死去了，白矮星最後會變成一個黑矮星，然後消失掉。

　　太陽會死去聽起來好像很可怕，我們都不希望有那麼一天，但是，這在很久很久的以後真的會出現。現在的我們不需要擔心，但是，也要為子孫後代的長久發展考慮，我們的科學家們一定會完成這樣的使命，爭取不讓我們的地球變得黑暗。現在的科技這麼發達，

說不定在不久的將來我們可以給太陽看「病」，讓它能夠永遠的掛在天空。

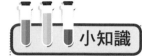小知識

　　太陽如果不在了，地球會怎麼樣呢？有科學家推測，當太陽變成紅巨星時，會比現在大很多倍，那時候地球就被太陽吞進肚子裡了。不過，這只是一種猜測，實際會怎麼樣科學家們也還沒有研究出來呢！

月亮走，我也走

　　希希非常喜歡夜空，喜歡那些閃閃爍爍的小星星，喜歡那個能

給我們帶來很多幻想的月亮，每當晚上睡覺的時候，透過自己的小

窗戶希希都要去尋找一下，看看能不能看到皎潔的月光。可是，關

於月亮的疑問也讓希希感到困擾。

　　那天晚上，月亮非常明亮，於是，吃過晚飯，希希就讓爸爸媽媽帶著自己一起到樓下去散步。月光明亮，爸爸媽媽拉著希希的小手，忽然，希希注意到頭頂的月亮好像長了腳一樣，自己跟爸爸媽媽走了這麼遠，可是月亮卻一直在自己的頭頂上方，希希問爸爸媽媽：「月亮為什麼要一直跟著我走呢？月亮是在跟我們玩遊戲嗎？莫非月亮也是一個調皮的小孩子？」

　　爸爸告訴希希，其實，在我們走路的時候，我們會不停的左右環顧周圍的一些事物，這些事物都是固定的，所以，當我們向前走的時候它們就還是待在原地不會動，事物在我們的視野裡不停地出現、消失，這一點非常明顯，正是因為它們的出現、消失，我們才能感覺到自己在前進。

　　我們看到的事物有遠的也有近的。比如路邊的一棵小樹，我們很快就走過去了，然後看不到了。我們不停地走，遠處的東西卻會越來越清晰，更遠的地方看起來卻很渺小，好像沒怎麼動。拿月亮來說，它在我們的眼裡位置變化非常慢，因為它距離我們太遠，相對的，會顯得移動非常緩慢，所以，我們才能一直看到它，它不會在我們的視線裡消失，讓我們感覺月亮一直在跟著我們走。

　　相反的，我們也可以這樣來理解，我們對月亮來說其實是非常非常渺小的，這就好像大象跟螞蟻，大象走一步就是螞蟻的幾千幾萬倍呢！所以，螞蟻自以為走了很遠的路，在大象看來卻是微不足

道的，其實，都還沒有走出大象的影子呢！希希不要笑螞蟻哦！我們跟月亮比起來甚至比螞蟻跟大象懸殊大得多！所以，我們走的那一點自以為很遠的路，月亮也是沒有多大感覺的。

月亮掛在天上，即使移動我們也沒有發現它的小秘密，還以為是它在跟著自己走，現在，小朋友們有沒有弄明白月亮跟著自己的原因呢？

在宇宙大家庭裡，月亮是地球最近的鄰居，它的個頭比地球小不少，大概是地球的四十九分之一。當然啦，雖然月亮比地球小，跟人比起來還是非常巨大的。

月有陰晴圓缺

　　快到中秋節了，媽媽準備了好幾種口味的月餅，還給希希講了關於月亮的好多傳說。在這些傳說裡，月亮上並不是空蕩蕩的。那裡有廣寒宮，有玉兔，有在砍一棵永遠也砍不斷的桂樹的吳剛。最

吸引希希的還是不小心吃下仙藥的嫦娥，她不得不和夫君后羿分開。天帝為了讓后羿和嫦娥相聚，使月亮在每月的十五日形成滿月，於是月亮每個月都有圓缺變化。

媽媽說，這個故事對月亮的陰晴圓缺賦予了神話色彩，聽起來確實很神奇，其實，這樣的解釋只是一個美好的意向，對月球的陰晴圓缺現象有更為科學的解釋。

月球是地球的一顆衛星，它繞著地球不停地公轉，從地球上看，月球被太陽照射的角度在發生變化，所以，只有看到月球亮面正好對著地球時才能看到滿月。人們把不圓滿的月亮進行分類，有不同的名字，例如在農曆初七看到的叫上弦月，這個時段我們看到的是月球的一部分亮面，二十四日的月亮叫下弦月，這個時段我們看到的是月亮的另一個側面。

如果小朋友們對這樣的概念還是不清楚的話，可以和爸爸媽媽一起做個小遊戲。找出一大一小兩個圓球，大球固定不動，代表地球，小球圍繞著大球轉動，代表月亮。當然了，還要有一盞位置不變的燈，打開後代表太陽。一切準備就緒後，拿小球繞著大球轉一圈，注意看小球上的明暗變化。根據這個小遊戲大家就能明白月球圓缺變化的整個過程了。

小朋友們知道這個遊戲怎麼玩了嗎？以後遇到有人搞不懂月亮的圓缺變化時，就可以教他們做這個小遊戲，相信他們會很快明白的。

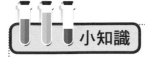

月亮和星星不同，很多星星本身是會發光的，但是月亮不會發光。我們晚上見到的明亮的月亮，只是反射了太陽的光芒。如果沒有太陽，我們是沒辦法看到月亮的。

一閃一閃亮晶晶

　　希希在幼稚園學會了一首新曲子，叫《小星星》，吃過晚飯，

希希忍不住哼唱起來：

　　一閃一閃亮晶晶

　　滿天都是小星星

......

　　媽媽聽了一會兒笑著問希希：「星星在夜晚裝飾了天空，讓夜晚也有了光亮，變得漂亮了，對嗎？那你知道星星為什麼會閃爍嗎？」希希搖了搖頭，請媽媽給他解釋。

　　一到晚上，黑漆漆的天空中就出現一顆顆閃爍的小星星。在晴朗的夜空中星星閃爍地更加明顯。其實，星星並不小，只是它們距離地球實在太遙遠了，有好幾光年的距離，就是說光線從地球出發，要過好多年才能照到星星上。所以，我們看到的星星都很小，此外星星發出的光經過這麼長的距離傳到地球上，顯得很微弱。

　　我們知道了星星為什麼這麼小，接下來就說說星星為什麼會「眨眼睛」。大家都知道地球上有一年四季的冷暖交替，說明地球上的大氣是不停地變化著的，也正是因為這樣的變化，使大氣層上層的冷空氣向下沉，同時呢，也會讓下層的暖空氣上升，大氣的溫度和密度並不均勻。星光傳到這些有薄的有厚的大氣層上，被反射了很多次，加上空氣的流動，落入我們的眼睛裡時，就會覺得星星在不斷地閃爍。讓人忍不住幻想，星星裡是不是也會有一個可愛的小朋友，調皮地望著我們這個繽紛多彩的世界呢？這個微妙而神奇的宇宙還有很多我們沒有看到的奧妙呢！

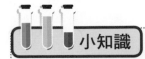

小知識

　　夜空裡閃閃爍爍的小星星，也有不同的類別。有些星星和太陽一樣，本身會發光，叫做恒星；有些星星本身不發光，它們圍繞著恒星轉圈，可以反射恒星的光芒，叫做行星。我們的地球就是一顆行星哦！

星星只有晚上才會出來嗎？

　　晚上的星星既明亮閃爍，又安靜美好，希希喜歡看天上的小星星不停地眨眼，好像在跟自己對話，可是白天卻見不到這些可愛的小星星，星星是不是只有在晚上才會出來呢？希希帶著這個疑問去

請教了花老師。花老師聽了希希的問題，搖搖頭說：「當然不是了。星星並不是只有在晚上才會出現的。」

小朋友們知道嗎？其實星星一直是存在的，白天我們之所以看不到可愛的小星星，是因為白天的陽光太強烈，把星星們微小的光芒遮蓋了。到了晚上，天空變得很暗，與星星一起出現的月亮，光芒也是非常柔和的，所以，晚上我們才能看到小星星，這個現象是不是讓很多小朋友有些意外呢？

小朋友們已經知道了，星星看起來小，是因為它們距離我們太遙遠了，有十幾甚至幾十光年的距離。大家對光年是不是有些陌生呢？光年是一個長度單位，指的是光經過一年所走的距離。光的速度是很快的，每秒能走三十萬千米，太陽距離我們那麼遠，光只需要走八分鐘。比對一下就能看出來，星星們離我們比太陽遠太多了，怪不得我們看到的星星都那麼小。

當大家以後仰望天空，看到小星星的時候，心裡會怎麼想呢？會想到關於深邃天空的神話故事，還是關於它的浩瀚神祕。天空裡看著很近很近的星星居然和我們有那麼遙遠的距離。小朋友們有沒有想過，有一天自己也可以登上太空船，飛到這些漂亮的月亮、星星的身邊，去看看它們真實的模樣呢？

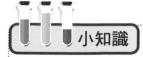

　　我們看到的小星星有的特別明亮，有的比較暗淡，這是什麼原因造成的呢？原來星星們發光的能力有大有小，發光能力強，離地球近的星星就明亮；發光能力弱，離地球遠的星星就暗淡。

陪你去看流星雨

　　新聞上說，再過幾天有流星雨，這次的觀測條件很好，幾十年
不遇。希希聽了，好奇心全被勾起來了，他還沒見過流星，更別提
流星雨了。希希跑去問爸爸：「流星雨來的時候我們是不是要撐傘

啊！流星會砸到我們嗎？」爸爸聽了哈哈笑起來，他告訴希希：「流星雨和我們平時見到的雨可是不一樣的，我來講解給你聽吧！」

爸爸先問了希希一個小問題：除了地球以外還有哪些星星在圍繞著太陽轉呢？希希想到了水星、木星、火星，爸爸又幫他補充了金星、土星等。爸爸告訴希希剛剛提到的這些都是繞著太陽公轉的行星，還有一種星星也繞著太陽轉，但是它的軌道和行星的很不一樣，這種星叫彗星，流星就是從彗星上來的。

彗星的結構並不穩定，有些物質會從彗星上飛出來，拖在彗星身後，天文望遠鏡裡看到的彗星常常拖著長長的尾巴。當彗星靠近地球的時候，尾巴裡的一部分物質受到地球引力的影響飛向地球，最終形成流星。常見的流星通常只有一兩顆，數量比較多的時候就稱為流星雨，但是這種雨的數量和我們說的下雨無法比，一小時可能只有幾十顆，所以被流星雨砸到的機率是非常小的，而且地球的大氣層也能減小流星的破壞力。

大氣層是怎麼做的呢？大氣層就像是地球穿的衣服，當那些小碎片穿過衣服時，這些衣服會保護地球不被撞擊。舉個例子，如果我們穿一件很薄的衣服被撞倒，那麼就很容易受傷，如果我們的這件衣服像山一樣厚，我們就會被保護得很好。不過，由於產生流星雨的這些小石頭非常厲害，即使地球有大氣層這麼厚的衣服保護，也會有少部分穿過大氣層形成隕石撞擊地球。

聽到這裡，希希心裡還有很多的問號呢！比如隕石會不會掉到

我們的房子上呢？會不會對我們造成危險呢？這個不用擔心，這些小碎塊本來就很小，在穿越地球大氣層的時候大部分都會被燃燒掉，只有很少的會掉下來形成隕石，並且大多數又會落到人煙稀少的野外。

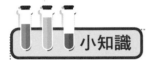

　　小朋友們知道嗎？流星是五顏六色的。由流星發光的顏色，可以知道流星體的組成成分和受熱的溫度，例如鈉、鐵、鎂等原子分別會發出橙色、黃色和藍綠色的光，而鈣離子會發出紫色的光。另外，大氣中的氮和氧分子也都會發出紅色的光。要注意的是，即使是同樣的元素，也會因溫度的不同而使發出的光有不同的顏色和強度。

牛郎與織女七夕真的能相見嗎？

天琴座
織女星
牛郎星
天鷹座

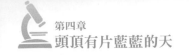

晚上散步的時候，爸爸指著天上的星星正在說星座的故事，希希認真地聽著，覺得星空實在太神奇了。當說到牛郎星和織女星時，希希突然叫起來：「我知道牛郎和織女，媽媽講過他們的故事給我聽！」希希眨眨眼睛問：「爸爸，牛郎和織女七夕真的能相會嗎？」

爸爸拍了拍希希的肩膀，告訴他，牛郎和織女的故事是一個美麗的神話傳說，天上的牛郎星和織女星是真實存在的天體，它們能不能相會取決於兩顆星的距離，那麼，它們到底離得遠不遠呢？

夏天的夜晚，抬頭望望夜空，能看到我們頭頂上方有一顆很亮的星星，這顆星的旁邊還有四顆小星，整體看起來像一個織布的梭子，這就是織女星了。找到了織女星，那牛郎星藏到哪裡了呢？隔著一條銀河，在織女星的東南方向也有一顆很亮的星星，這顆星星的兩旁各有一個小星星，看起來像一個人挑著擔子在趕路，這個與織女星隔河相望的就是牛郎星，它正挑著兩個孩子追趕織女星呢！

事實上，牛郎星和織女星距離我們都是非常遙遠的，我們只知道太陽很大，但是，它們要比太陽還大，我們看到的卻只有一點，可見它與我們的距離有多遠。

我們已經講過了光年的概念，一光年是個非常遙遠的距離，就算速度飛快的光線也要走上一年。牛郎星距離我們有 16 光年，織女星距離我們 27 光年，大家能想像這是多麼遙遠的距離嗎？

那麼牛郎星和織女星之間相距多遠呢？據科學家觀測，它們之間的距離有 16.4 光年。這個距離對牛郎星意味著什麼呢？如果牛郎

星可以每天跑上 100 千米，它要見到織女星的話需要不停地跑 43 億年，這個時間太長了。就算它乘坐每秒鐘可以飛行 11 千米的太空船，也需要 45 萬年才能飛到苦等它的織女星旁邊。好吧！可能有小朋友想到了更好的辦法，我們用現代的高科技，在牛郎星和織女星上安裝一部電話，讓它們打電話好不好？但是，經過計算，就算是它們打電話也要經過 16.4 年才能聽到對方的聲音！

我們在知道這些科學道理之後，就明白了牛郎星和織女星相隔實在太遠，它們要見一面是不可能的。

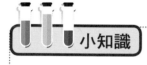
小知識

牛郎星和織女星跟太陽很相似，它們都是恒星，能夠自己發光發熱。不知道在它們的身邊有沒有和地球一樣生機勃勃的行星呢？

白雲為什麼不會從天上掉下來

　　希希很喜歡觀察天上雲朵的形狀，它們的變化實在太豐富了。
那朵像棉花糖，那朵像帆船，那邊的像大象，還有的像小白兔、像
綿羊。希希感覺白雲真是神奇，它們在蔚藍廣闊的天空中不停地變
換形狀，讓人覺得千姿百態，變幻無窮。

但是希希有個問題想不通，他去問花老師：「老師，天上的白雲那麼多，會不會掉下來呢？」老師溫和地說：「想知道白雲會不會掉下來，就要先搞清楚白雲到底是什麼。」

　　其實，白雲並不是一個實實在在的物體，它們只是一個個或大或小的區域。雲朵是一個充滿了無數微小冰晶或者水滴的區域，它們是空氣中的水蒸氣在一定條件下達到了凝結條件才形成的。但是，在這個範圍之外，就會失去這種條件，在小冰晶或者小水滴量不夠大的時候，即使它們從雲端掉了下來，也會很快就被蒸發掉。如果它們的量足夠大，並且低空的濕度也比較大，小冰晶或者小水滴蒸發的比較慢，那麼雲中的冰晶和水滴就直接落下來，形成降雨或是降雪。不過可能讓大家失望了，它們即使降落了也不會是一片一片的雲彩，而是一陣雨或者一場雪。

　　現在，大家明白雲是什麼了嗎？雲朵是會從天上掉下來的，不過，掉下來之後的它們就是雨或者雪，其實，大家很早就見過落下來的雲朵啦！

小知識

　　雲其實是從地面上誕生的哦！地面上的水受到陽光的照射會變成水蒸氣，飄到天上，遇到空氣裡的小灰塵，就在灰塵的周圍聚集起來，變成小水滴。小水滴越來越多，聚成了一大團，就會變成我們看到的雲朵了。

光打雷不下雨

今天是陰天，黑雲壓得低低的，好像就飄在大樓的頭頂。希希和小朋友們在操場上玩遊戲，玩了不久就聽到轟隆隆的雷聲，花老師把大家叫回了教室。坐在教室裡，花老師開始給大家講故事，窗外不停地傳來轟隆隆的雷聲，希希聽著覺得有點害怕。大家都以為很快就會下一場大雨，奇怪的是，直到媽媽接希希回家，雨也沒下起來，雷聲也不知道什麼時候停了。希希忍不住問媽媽：「媽媽，下午的時候妳聽到雷聲了嗎？」媽媽回答：「聽到了呀！」希希又問：「為什麼只有雷聲卻沒下雨呢？」媽媽想了想，開始給希希解釋這種現象。

　　大家不用覺得疑惑，這是一種很正常的自然現象。夏季常會出現這樣的情況，光聽到雷聲，並且還很有氣勢，但是，到最後不但沒有下雨，還出太陽了。這要從我們頭上的雲層說起。雲層是有雷雨雲的，打雷就是發生在雷雨雲中，一般的情況下，雲層越厚，下的雨量就會越大，就像有些故事中描述的一樣，烏雲密布，傾盆大雨，只要烏雲夠厚，雨水肯定小不了。但是，在雲層的邊緣是沒有雨或者少雨的，然而聲音的傳播範圍是非常大的，如果我們所在的位置是雲的邊緣，就算是雷打得再大也沒有雨下來，因為雨都下在別的地方了。

　　不過，打雷預示著將要下雨，通常是正確的。下次在戶外聽到了雷聲還是要注意避雨哦！畢竟雲層是在不斷移動的，即使這會兒頭頂的天空沒有雨雲，過一會兒說不定就飄過來了。

小知識

雨可不是說下就能下的，下雨需要滿足幾個條件。首先空氣裡要有很多水氣，另外還要有小灰塵，能夠把水氣們聚集成小水滴。接下來就是要有合適的溫度，溫度太高小水滴就會蒸發掉，溫度太低小水滴會凍成小冰晶，就變成下雪了。只有這三個條件都剛好的時候，才能下雨。

陽光總在風雨後

　　今天，希希聽到一首歌，裡面反覆唱到「陽光總在風雨後，烏雲上有晴空」。希希問媽媽：「為什麼人們會說陽光總在風雨後呢？下過雨之後就會有晴天嗎？」媽媽告訴希希，這句話不僅僅是指天

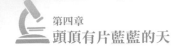

氣，還表現了一種堅持，一種精神，希希長大以後就會理解了。我們都知道，太陽不是每天都會出來的，有時候會有烏雲，有時候會下雨，有時候會有颱風，還有很多的時候，天氣就像是一個小孩子，一會兒傷心，一會兒快樂，有很多變化。這其中蘊藏著很多科學知識。

陽光總在風雨後不是必然的，不過有一定的科學道理。太陽是非常熱的，陽光可以給空氣加熱，但是不同地區得到的熱量不同。空氣受熱不均就會產生對流，如果空氣是朝下沉的，這就會形成風。

陽光的照射還會使地球上的水蒸發，水蒸氣上升，它們像是聽到了什麼號召，同時聚集在一起，就形成了雲。雲在天上越積越多，擋住了太陽。當天空再也承受不住雲的重力時，它們就會放這些雲下去。這些被放下去的雲就形成了雨。

你看，風雨的形成與太陽也有密切的關係。下過雨之後，空氣中的雲層沒有了，就沒有什麼可以遮擋住太陽的光芒了，自然就會出現我們想見到的太陽公公了。這種現象印證了「陽光總在風雨後」。

有時候，雲層實在太厚，或者不斷有雲飄過來補充，雨就會下個不停，可能連著幾天都是陰雨，見不到太陽。就像人生中也有連續遭遇挫折的時候一樣。不過，總能等到雨過天晴的時候。這個時候我們看到的世界，就像是被擦過的玻璃一樣，乾淨、清晰、透亮，空氣中被雨水沖走了很多塵土，我們就能呼吸到很新鮮的空氣了，

看到乾淨的植物，看到這樣風景的你，有沒有感到心情舒暢呢？

小知識

　　我們看到的雲朵都是小水滴組成的，小水滴越多，雲朵就越大、越厚，能把太陽都遮住。這時候天空就變暗了，不過，如果我們坐上飛機飛到雲的上面，就會看到其實太陽還在雲層上面的天上掛著呢！

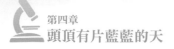
紅橙黃綠藍靛紫

光源

折射后的效果

三稜鏡體

媽媽給希希讀的故事裡提到了七色彩虹，媽媽問：「希希，你見過彩虹嗎？」書中描述的彩虹可以架在天空的兩端，能夠看到紅橙黃綠藍靛紫七種顏色，非常絢麗漂亮。希希歪著頭，左想想右想想，好像真的沒有在現實中見過彩虹，只好失落的搖搖頭。媽媽說：「希希不要感到失落，遲早你會見到美麗的彩虹的。媽媽見到彩虹的次數也不多，彩虹不容易出現，而且出現時間都很短。」媽媽見希希還是有些失望，就提議用三稜鏡模擬彩虹出現時的場景。希希一聽可以模擬彩虹，立刻開心起來。

　　彩虹的出現是一種自然現象，但是，它出現的機率也很小，所以，很多人都沒有見過，夏天下過雨後，天空開始放晴時，大家可以出門去看看，這種時候很可能會出現彩虹。

　　彩虹是由於陽光在空氣中的水滴裡發生折射、反射才形成的，經過這個神奇的過程，將白光分解成了紅橙黃綠藍靛紫七個顏色，而這個過程就像是陽光透過了一個三稜鏡。如果陽光的角度適宜，那麼，在雨過之後我們就能看到美麗的彩虹了。

　　那麼，為什麼要夏天的雨後去找彩虹呢？這個問題問得很好，這是因為夏天是一個多雨的季節，尤其陣雨比較多。下雨的範圍又不會太大，所以，比較容易出現雨後天晴，陽光及時出來也能正好碰上空氣中水滴比較多，滿足了彩虹出現的條件。有一句俗語，叫做東邊日出西邊雨，說的就是夏季下雨的狀況。如果是寒冷的季節，天氣比較涼，並且雨水少，這個時候是不利於形成彩虹的。

　　希希又問了，那下雪後會出現彩虹嗎？這種機率就更小了，冬天即使下雪空氣裡也不容易出現小水滴，下陣雨的機會就更少了，這樣的天氣滿足不了彩虹出現的條件，所以，在冬天基本是不可能看到彩虹的。

　　現在大家知道到哪裡等彩虹的出現了嗎？

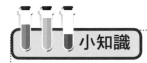小知識

　　彩虹不容易見到，不同時候出現的彩虹也有差別。當空氣中的小水滴比較大時，彩虹就顯得很鮮豔；空氣裡的小水滴很小時，彩虹的顏色就很淡。

下雪不冷，化雪冷

　　希希和爸爸出去旅遊的時候，剛好遇到了下雪。希希拉著爸爸在雪地裡玩了好久，一點也不覺得冷。第二天天晴了，地上的雪開始融化，希希和爸爸出門的時候，感覺比昨天冷了好多。希希感到

有些奇怪，問爸爸：「爸爸，今天晴天了，為什麼感覺比昨天冷呢？」

爸爸告訴希希，天空之所以會飄雪花，是因為來了一股冷空氣。這股冷空氣在到來的前一天，由於氣流運輸的原因，當地的空氣會被壓縮，所以，溫度相對的會上升一些。舉個小小的例子，有人手上拿著兩張紙，不小心被風吹走，貼到了牆上，這是空氣壓力讓小紙片貼在了牆上。空氣和紙是一樣的，也受壓力的影響，而且它們受到外界的壓力體積會變小，所以，佔的空間就小，但是熱量沒有變，那麼生活在這個空間裡的人們就能感受到氣溫上升了。當然，這個變化並不是太大。等到下雪的時候，溫度已經降低了。

等到雪下完了，大家都迫不及待地想要出去玩，但是，這個時候卻發現比下雪的時候還冷。小朋友們不要感到意外，下雪以後地面被白雪蓋住了，地下溫度本來是比地面高的，但是現在沒有辦法上來。另外，下過雪就算是晴天，溫度也不過高，因為這時陽光照射下來被白雪反射得更嚴重，地面從陽光裡吸收的熱量更少。這兩個少加在一起，溫度相對就下降了。除了這兩點還有一個因素，下雪後積雪開始融化，需要吸收周圍的熱量，使得氣溫降低。這些原因綜合起來，化雪時就比下雪時冷多了。

「原來是這樣啊！」希希點了點頭，怪不得今天一出門就聽到有人說「下雪不冷化雪冷」呢！

下雪的時候，很多雪花飄飄灑灑地落下來，看起來像撕碎的小紙片。那雪花的形狀是不是也像紙片呢？雪花的形狀可是漂亮許多了，它們是六角形的，還帶著不同的花紋，在放大鏡下看起來非常美麗呢！

為什麼我們只能生活在地球上

　　花老師給小朋友們講了很多關於宇宙的知識。希希知道了地球
是一個橢圓形的球體，人類可以在地球上生活得很好，但他還有些
問題搞不清楚。希希舉手提問：「老師也講了宇宙中還有很多其他

的星球，我們可不可以到其他的星球去生活呢？」花老師聽了希希的問題說：「在解開這個疑問之前，我們先好好認識一下地球吧！」

科學家經過測量，發現地球是一個不規則球體，不過它的長半徑和短半徑相差不大，從宇宙空間看地球，仍可將它視為一個規則球體。在這個巨大的球體上，地表的 70% 被水面覆蓋，從宇宙裡看，地球像一顆藍色的「水球」。我們都知道，生命生存離不開水，水資源充足是地球適宜生存的重要條件。

另外，地球與太陽距離適中，可以得到適宜的熱量，地球上大部分地區的溫度既不過高也不過低，適合我們生活。

第三樣東西是和我們息息相關的物質——我們每天呼吸的空氣。從大的範圍來說就是地球有大氣層。大氣層像是地球的保護傘，阻擋了來自宇宙的有害射線，並且提供氧氣供生物呼吸。

當然，除了上面提到的幾點，地球還有許多有利生命生存的條件，比如地球大小和質量適中，有地球引力等等。關於地球的更多奧妙還等著大家繼續發掘呢！

整個宇宙裡面還有很多的星球，科學家們也一直尋找另一個適合人類生存的星球，也有一些突破，但是，到目前為止，適合這麼多人生活，有這麼豐富資源的還只有地球，所以，大家要愛護我們唯一的家園哦！

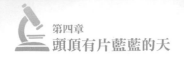
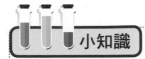

　　科學家們經過計算,發現地球已經四十五億歲了。剛剛誕生的地球從內到外都是滾燙的,後來地球表面的溫度慢慢降低,出現了空氣和水,又過了很長時間,地球上才有了生命,變得生機勃勃。

地球另一端的人
為什麼不會掉下去

　　希希已經知道地球是一個巨大的球體了，在地球的很多地方都有人類居住，我們腳下的地球另一端也有一片生機勃勃的陸地。不

過，希希又有問題了：「住在地球另一端的人們為什麼不會掉下去呢？」希希詢問了爸爸之後，爸爸拿來一本百科書開始解答他的問題。

小朋友們有沒有注意到這樣的現象：把皮球高高地拋向天空，最終還是會落到地上；從杯子裡倒出來的水會往地上流，而不會飛向空中⋯⋯地球表面的東西都很難離開地表飛到天上去，這是怎麼回事呢？這是因為地球存在地心引力，地表的一切事物都受到地心引力的吸引。引力是物體的一種特性，質量越大的物體引力越大。舉個例子來說，大象的引力要比螞蟻的引力大。不過我們日常接觸到的物體並不是特別龐大，它們的引力就不容易察覺。相對的，地球要大得多，地球表面的物體和地球比起來實在很微小，很難不被地球吸引住。

正是有了地心引力，我們才能穩穩地站在地球上，而不是飄在半空中。所以，我們可以很放心地對別人說，一個人是不會從任何一個角度少於 50° 的地方掉下去的。大家也不用擔心生活在地球另一端的人會掉到太空中去啦！

關於引力，大家可以做個小實驗，找一大塊磁鐵和幾根小鐵釘。把磁鐵放在桌上，拿小鐵釘慢慢地靠近它，是不是鐵釘還沒碰到磁鐵就被吸過去了呢？我們就像小鐵釘一樣被地球牢牢地吸住了呢！

小知識

　　大家都知道月亮是個很大的球體，在圍著地球不停地繞圈。它就是被地球引力吸引住的哦，如果地球沒了引力，月亮就會不知飛到哪去呢！

太空船裡的太空人
怎麼會漂浮起來

　　晚飯後，希希和爸爸媽媽一起看科學節目。希希發現在太空飛

船裡的太空人能夠飄來飄去，大家好像變得比氣球還輕，這是怎麼

回事呢？希希忍不住問爸爸：「為什麼太空人能飄起來呢？」

　　大家還記得什麼是地心引力嗎？在地球上，我們無法離開地表是受到了地心引力的作用。但是地心引力不是無處不在的，我們離地球越遠受到的引力就越小。像太空人那樣飛出大氣層，遨遊太空時，受到的引力已經很小了。這時太空人處在一種失重狀態，沒有引力抓著他們，只要輕輕一蹬腳就能飛出去，如果不撞上障礙物就能一直飛下去，聽起來是不是很神奇呢？

　　其實，不光在太空中失重能飛起來，在引力很小的星球上人也很容易飛起來。地球的鄰居月球也有引力，但是它的引力只有地球的六分之一，人們在月球上輕輕一跳就能飛很高，在月球上行動最省力的辦法就是跳著走。

　　不過，引力小雖然很好玩，也會帶來很多麻煩。比如，人們將很難控制自己的動作，不小心被撞一下都可能飛出去很遠。另外，地球上的一切都是被地心引力吸引住的，如果地球沒了引力，河流、動物、建築，包括人類，都會向太空飛去，最糟糕的是地球的大氣層也會飛走，人們會失去賴以生存的空氣。

　　失重看起來很有意思，真實發生的話還是挺可怕的。

小知識

　　太空人在太空活動是很不容易的，太空裡沒有氧氣，他們必須背著氧氣罐才能呼吸。而且，沒有大氣層保護，太陽曬到身上非常熱，太空人必須穿上厚厚的太空裝保護自己。

三明治是誰發明的

　　希希這段時間特別喜歡吃速食，總要媽媽帶他去速食店。媽媽耐心給他講解速食吃多了對身體不好，小孩子又正在成長，經常吃這樣的速食會缺乏營養，而且很容易發胖。希希聽後吐了吐舌頭，

不再要求媽媽帶他去速食店了。媽媽笑著拍了拍希希的腦袋，說：「我給你講講速食裡的三明治是怎麼發明的吧！」希希趕緊點頭說好。

在英國和美國，大家都非常喜歡三明治和熱狗，三明治、熱狗和漢堡都是速食食品。三明治是一種很典型的西方食品，兩片麵包中間夾了肉片、乳酪還有調味料，做起來既簡單又快速，這算不算一種懶人的食物呢？這種速食其實已經有了很長的歷史，它幾乎和麵包一樣古老，但是，剛開始的時候它並沒有固定的名字，關於三明治還有一個非常有趣的故事。

其實，三明治本來是英國一個很不出名的小鎮，這個鎮上有一個叫約翰·蒙塔烈的人，他非常喜歡打牌，已經到了一種癡迷的境界，每天玩紙牌都懶得吃飯。他的僕人們對於他的飲食很頭痛，不知道該如何伺候他，便將一些菜餚、臘腸或者雞蛋等夾在兩塊麵包中間，這樣用餐的時候也不會耽誤他玩紙牌，約翰·蒙塔烈非常高興，也很喜歡這種食物，他隨口就稱這種食物為三明治。後來，在約翰·蒙塔烈再玩紙牌餓了的時候，他就會向僕人喊：「快拿三明治來！」後來，其他的賭徒也都喜歡在玩牌的時候吃三明治了。沒有多久，三明治就傳遍了英倫三島，然後傳遍整個世界。

現在三明治種類非常多，不像以前那樣單一，可以夾雞肉、牛肉、鹹肉、番茄、乳酪等等。在法國，做三明治的時候已經不再用麵包片夾了，他們會用麵包捲或者捲餅。

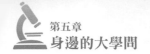

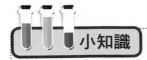

小知識

　　速食食品雖然很方便，但是它們一般都含有高熱量，不能經常吃。就拿炸薯條來說，馬鈴薯本身的脂肪含量不到百分之一，但經過油炸的薯條就會增加到百分之四十，是不是很驚人呢？

飲料為什麼穿不同的衣服

　　希希陪媽媽去超市採購，走到飲料區時，希希注意到了一個現象：牛奶和果汁很多都是紙盒包裝，但可樂卻只有易開罐和塑膠瓶包裝。希希有點好奇，難道可樂不能用紙盒裝嗎？

　　我們見到過紙盒裝的牛奶，也見過紙盒裝的涼茶，為什麼就是

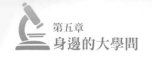

沒有紙盒裝的可樂呢？這是因為可樂屬於碳酸飲料，大家對碳酸飲料應該並不陌生，像可樂這種倒出來時會產生小氣泡的，就是碳酸飲料了。碳酸飲料遇到高溫或震動時，會造成碳酸分解，產生二氧化碳氣體，氣體在一個比較小的盒子裡會造成壓力過大，如果它們的包裝是紙盒的話，容易發生爆炸。所以碳酸飲料都需要能夠耐高壓的材料包裝，才能保證安全，像鋁罐、塑膠等能承受較大壓力的包裝比較合適。現在大家明白為什麼可樂不能在紙盒子裡了吧！

那麼，為什麼牛奶多數用紙盒裝，不用鋁罐呢？這是奶類飲料的成分決定的，奶類飲料含有水、蛋白質、脂肪、無機鹽、乳糖等，常見的罐裝都是鋁製材料，很容易和奶製品發生化學反應，導致飲料變質。還有就是紙製的盒子材質比較輕，運輸的時候可以減少一些成本。

這樣看來，不管是哪一種飲料，它們的製造者在選用材料的時候，也是做過很多功課的，他們為飲料選擇了最合適的「衣服」。

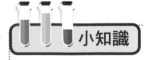

小知識

　　常見的飲料有很多類別，比如果汁、酒類、運動飲料、碳酸飲料、茶類等等。飲料有各種各樣的口味，喝起來比水美味得多。不過，小朋友們可要注意了，口渴的時候最好的飲品還是水，水的成分單純最能緩解口渴，也是最安全的。

常喝牛奶的好處

　　希希的早餐裡有一樣必不可少的東西——牛奶。媽媽每天都會為他準備一杯牛奶，有時候希希賴床了急著出門，媽媽就會放一盒牛奶在他背包裡。希希不討厭牛奶，但是不太理解為什麼每天都要

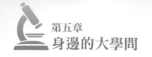
喝牛奶呢？

　　牛奶又被稱為「白色血液」。大家知道血液的重要性吧！牛奶居然可以用血液來形容，它的重要性就不言而喻了，它是生命最好的營養泉源。美國營養學家曾經做過一個關於牛奶的實驗，得出這樣的結論，一個人每天需要四十多種的營養元素，如果感覺每天達不到這麼多的營養補充，那麼也不要緊，喝一杯牛奶就可以了。這就很生動地說明了，牛奶中幾乎涵蓋了人體所需要的所有營養成分。

　　營養學家研究發現，正常成人每天要喝 500ml 的牛奶才能達到當天的營養標準，我們來看一下經常喝牛奶的好處吧！

　　牛奶中含有鉀，這種成分能夠使動脈上的血管壁血壓穩定，就像是給一個搖搖晃晃的老人加了一支柺杖，所以每天都喝牛奶的人不容易中風。因此，中老年人也有必要經常喝牛奶。牛奶中的碘、鋅和卵磷脂等可以提高大腦的工作效率，小朋友經常喝牛奶有利於大腦的發育。牛奶中還含有豐富的鈣，可以幫助小朋友骨骼健康成長。

　　另外，牛奶可以幫助人體排毒，生活中人們可能不小心攝入有毒金屬，比如鉛或鎘，牛奶可以減少它們對身體的傷害。還有一點，牛奶可以讓皮膚飽滿光滑，所以很多女生也非常喜歡喝牛奶哦！

　　不過，有一點要記得，牛奶一定要喝新鮮的，過期牛奶可是對身體有害的。

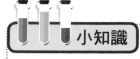

小知識

　　說起奶製品，有人還會想到優酪乳。優酪乳是用鮮牛奶製作的，營養成分不比牛奶少，而且更加容易消化。不喜歡喝牛奶的小朋友，可以多喝一些優酪乳哦！

看 3D 電影的秘密武器

今天，爸爸要帶希希去看電影，希希發現電影票上寫着「3D」，他很好奇，問爸爸：「這個 3D 是什麼意思呀？」爸爸說：「3D 電影是一種電影類型，3D 電影的畫面非常立體，看電影的觀眾會覺得

自己也在現場。」希希又問:「那些立體的畫面我們是怎麼看到的呀！和以前看的電影一樣嗎？」爸爸笑了笑說：「看 3D 電影需要一個秘密武器，我來給你好好講講吧！」

看 3D 電影時需要戴上 3D 眼鏡，3D 電影看起來那麼逼真，眼鏡可是功不可沒哦！ 3D 眼鏡有很多種類，現在市場上常見的有三種：色差式、偏光式、時分式。這三種眼鏡的製作原理不同，但是，效果都是讓畫面立體。

拿最常見的色差式眼鏡來說，從名字就能看出來這種眼鏡肯定跟顏色有關。影片用兩臺攝相機從不同的視角拍攝，將兩種不同的顏色重合在了一個畫面上，用肉眼觀看會呈現模糊的重影畫面，透過色差式眼鏡，才可以看到立體的效果。

這種眼鏡的原理在於左右眼睛看到的影像不同，小朋友們試試把手張開豎在貼近鼻樑的地方，一隻眼睛看著自己的手心，另一隻眼睛看著自己的手背，是不是出現了重影。3D 電影也是這樣，看電影時不戴眼鏡，看到的就是重影， 3D 眼鏡的作用就是讓左右眼消除一邊的光，左眼看左邊，右眼看右邊，這樣合成的圖像就是立體的了。

3D 眼鏡模擬了眼睛看到的真實效果，它讓眼睛的交點在不同的位置出現了重合。

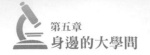
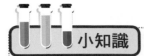

小知識

　　3D 電影之後，4D 電影也很快和大家見面了。4D 電影的畫面和 3D 電影一樣，也需要戴 3D 眼鏡觀看。另外 4D 電影放映廳的椅子能夠移動，放映廳裡還能噴出香味，看電影的人就能感覺到彷彿真的進入了電影裡的世界。

為什麼羽絨衣特別保暖

　　冬天爬山的時候，媽媽給希希穿上厚厚的羽絨衣，非常的暖和，就算不小心摔倒了，也不會感覺到很痛，希希問媽媽，為什麼穿上羽絨衣就算氣溫只有幾度也不會感覺到冷呢？

　　羽絨衣看上去蓬蓬的，很柔軟，裡面裝了很多很多的絨毛。這些絨毛是不同材質做成的。蓬鬆的絨毛裡可以藏進去很多空氣，這是關鍵了。空氣和絨毛其實都是不容易傳熱的物質，它們都躲在了羽絨衣裡，所以，穿在身上，像是一層保護牆，圍在我們的周圍，外面的冷空氣很難進來，我們身上的熱量也不容易散發出去。這樣，從我們身上產生的熱量就可以保存在我們身邊，所以，只要我們穿上羽絨衣就會感到很輕鬆也很溫暖。

　　新買的羽絨衣上面都會有一個鼓鼓的水晶氣泡，這個塑膠的小氣泡裡裝的是羽絨衣裡的羽絨標本。羽絨是什麼形狀的呢？我們把每根羽絨都拿到放大鏡下觀察一下，可以看出它們是魚鱗狀的，有很多很多微小的空隙，這裡面就是存儲靜止的空氣用的。空氣的導熱係數很低，所以，羽絨衣才會有那麼好的保暖性。羽絨衣羽絨量越大，存儲的空氣也越多，這樣，保暖效果會更好。

　　希希還發現，自己的羽絨衣穿久了就不暖和了。因為時間長了，隨著羽絨間的空隙逐漸變大，空氣的含量也增大了，空氣之間形成了一種對流，這種對流就會造成大量的熱量流失，保暖效果就降低了。

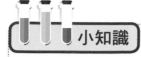

　　從羽絨外套的名字就能猜出它是什麼做的，羽絨外套裡包含羽毛和絨毛，這兩種毛有什麼區別呢？絨毛是鳥類身上的短毛，沒有硬硬的梗，羽毛是鳥身上長著梗的毛，比較硬。比較起來絨毛更加保暖。

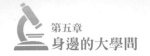

鞋底的花紋

　　週末，希希和媽媽一起去植樹了。給小樹苗培土的時候，希希注意到自己踩出的腳印和媽媽的不一樣，原來是兩人鞋底的花紋不同。希希問媽媽：「為什麼我們鞋底的花紋不一樣呢？鞋底的花紋有什麼用啊？」

不知道小朋友們注意過沒有，鞋底的花紋也是多種多樣的，有圓形的花紋、方塊形的花紋、波浪形的花紋、交織形的花紋、火焰形的花紋等等，下次跟著爸爸媽媽逛商場的時候，可以去鞋子櫃檯觀察一下不同鞋子的鞋底，肯定會有與眾不同的發現。

這些花紋有什麼作用呢？它們躲在鞋底，平時穿起來的時候，不管好不好看，大家都是看不到它的。其實，鞋底的花紋是必不可少的，這些花紋可以增加鞋子與地面的摩擦力，摩擦力大了可以防止我們滑倒，尤其是在雨雪天氣或比較光滑的路面上。特別是運動鞋，它們的花紋突起更加明顯，大家需要穿著這樣的鞋跑步、爬山等，要求它們有更大的摩擦力來增加穩定性。

不同用途的運動鞋花紋也有區別。例如，籃球鞋的花紋能讓大家感到轉向更靈敏、省力。所以，挑選合適的鞋子也是一門學問。小朋友們可以多累積相關的知識，幫自己挑選既舒適又安全的鞋子。

知道嗎？汽車輪胎上凹凸不平的紋路，和我們鞋底的花紋功能一樣，它們可以牢牢地抓住地面，讓汽車行駛起來更加平穩，即使天氣不好，也能保證司機和乘客的安全。

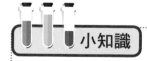 小知識

　　小朋友們注意過自己鞋子底上的紋路嗎？不同的紋路作用是不同的，比如籃球鞋常常用人字形的花紋，這是為了增大鞋子的摩擦力，對運動員很有幫助。

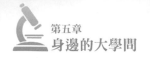
光明的使者

　　希希吃過晚飯，乖乖地回自己的房間去看書了。媽媽把碗筷都收拾起來，到廚房去洗，爸爸在沙發上看報紙。希希遇到一個問題想不明白，正想要問爸爸，這時候，他的小檯燈忽閃忽閃了兩三下

就不再亮了，希希嚇了一跳，趕緊跑出去叫爸爸。

　　希希把檯燈壞了的事告訴爸爸，爸爸放下報紙走過來摸摸他的小腦袋，說：「沒有問題，不要擔心，檯燈一會兒就會亮起來的。」希希點點頭，爸爸又說：「你看，我們屋子裡的其他燈都是亮的，只有你的小檯燈不亮，這就說明檯燈不亮不是線路問題，這樣我們就好解決問題了，是不是？」希希鬆了一口氣，很期待地看著爸爸。

　　爸爸把檯燈裡的小燈泡給轉了下來，然後到客廳比較亮的地方對著燈泡看來看去。希希不知道爸爸在看什麼，就問：「爸爸，為什麼要對著燈看小燈泡呢？」爸爸說：「我要檢查一下是不是燈泡出了問題。你看這裡有一個會動的絲，這叫鎢絲，如果鎢絲斷了，線路就形不成迴路。好比我們在一條平坦的大道上走著，走到終點想回來搬運一些物品，但是，我們卻發現沒有路了，變成了懸崖，這個來回就沒辦法完成了。鎢絲斷了是一樣的，電流在這也遇到了懸崖，檯燈當然就沒有辦法正常工作了。」希希跟著爸爸的話思考著，好像有些理解小燈泡的工作原理了。

　　可是，這個時候，爸爸說：「燈泡沒有問題。」可是，怎麼會不亮了呢？希希有些著急，如果晚上這個小檯燈一直不亮，那自己晚上睡覺肯定會害怕的。爸爸說：「既然燈泡也沒有問題，那我們就要再去檢查一下你的電源是不是連接好了，那可是給小檯燈輸送能量的地方。」爸爸蹲到桌子下面檢查電源，這時候，檯燈亮了起來，原來希希看書的時候小腿不停地擺動，把電源踢鬆了，真是虛驚一

場。爸爸說：「以後這個電源可不要亂動了哦！」希希不停地點著頭，看到自己的檯燈又亮了，他非常地高興。

這次檯燈雖然沒有壞，但是，希希學會了如何檢查檯燈哪裡出了問題，這可是他的光明使者，下次一定不會再傷害到它了。

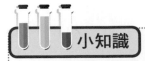

小知識

　　小朋友們見過燒紅的鐵塊嗎？很多金屬溫度升高以後都能發光發亮，電燈泡裡的金屬絲也是這樣的。不過電燈是用電能使自己發熱的，用起來才會更加方便。

作業本的清潔工

　　希希畫畫的時候不小心畫錯了，他拿起橡皮擦把原來的線條擦掉，畫上正確的線。媽媽坐在希希的旁邊，見他畫好了，就問：「希希，除了橡皮擦以外，你還知道什麼東西能改錯字嗎？」希希認真

地想了想，他認識的小朋友們用過不少方法呢！有的用鉛筆刀刮，有的用改正紙貼，還有人用修正液塗，不過自己最常用的方法就是橡皮擦。但是，希希並不知道橡皮擦為什麼能把鉛筆字擦掉？

媽媽解釋說，紙是由纖維組成的，等你把鉛筆的筆尖削得比較尖時，筆尖的小石墨顆粒很容易跑到紙的纖維裡去，在紙上留下印記，想去掉已經寫上去的字只要想辦法把這些小石墨顆粒吸出來就可以了。

當用橡皮擦將錯字擦掉時，從橡皮上掉下來的碎屑能把鉛筆粉末給黏住，這些粉末無法在紙的小縫隙裡待下去了，只能跑出來，鉛筆粉末跑出來之後，寫錯的字也就消失了。接下來，只要輕輕地把留在紙上的殘渣吹掉就可以了。用小刀刮掉錯字，是把上面有鉛筆粉末的纖維層給刮掉，字也就被去掉了。

大家知不知道為什麼橡皮擦能擦掉鉛筆字，卻很難擦掉鋼筆字？這個其實很簡單，因為鉛筆寫上去的是石墨顆粒，石墨顆粒只停留在纖維的表面，而鋼筆用的是墨水，墨水可以滲透到纖維層裡面。不過，想要擦掉鋼筆字也不是不可能，只要多擦掉幾層纖維就可以了。但是，很多紙並沒有那麼厚，所以，有的小朋友奮力用橡皮擦擦鋼筆字的時候把作業本給擦出個洞。

對於實在擦不掉的錯字，可以用修正液把錯字蓋住，不過，修正液用多了紙上有一塊一塊的白條，很不美觀。所以，寫字時還是多注意少寫錯字比較好。

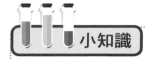

小知識

　　有多少小朋友喜歡用修正液改錯字呢？修正液用起來雖方便，輕輕一塗錯字就不見了，但是，它可不是最安全的改錯工具哦。有些修正液含有對人體有害的化學成分，用的時間長了會影響健康，小朋友們還是少用為好。

影印店裡的怪味

　　今天，媽媽從幼稚園接希希回家。路上希希一邊給媽媽講今天發生的趣事，一邊催媽媽快回家，他的肚子實在太餓了。媽媽告訴希希，她需要先去影印店影印一些資料，得晚一點回家。希希只好

點頭同意。到了影印店，希希進去待了不到一分鐘就跑了出來。媽媽感到奇怪，問他怎麼回事，希希皺起眉頭說：「這裡面的味道太難聞了。」媽媽聽到希希這樣說，馬上明白了是什麼問題，她告訴希希這是影印機的味道，希希不明白了：為什麼影印機會有這麼難聞的味道呢？

　　要知道影印機為什麼會發出奇怪的味道，首先要瞭解影印機的工作原理。把一張白紙放到影印機上印出來，紙上就有了文字，這些文字是怎麼上去的呢？影印機裡有種黑色的碳粉，這些碳粉和一些有塑膠成分的物質混合磨碎，透過特定的方式就可以黏在紙上了。紙張剛影印出來的時候，可以用手去摸一下黑色的字，這時你的手上就會黏上一些黑色的碳粉，尤其是卡紙最明顯了。

　　前面提到了「特定的方式」，這是什麼意思呢？大家知不知道碳粉遇到高溫就會融化的特性呢？碳粉融化後，再加上影印機對它的加壓，這些碳粉就會乖乖地被壓到紙裡面去了。然後，再被影印機送出來，我們就可以看到已經印上字的紙張了。這種紙張在室內放一會兒，碳粉就牢牢固定到紙上了，這個時候，小朋友們如果再用手去摸，就不會沾到黑粉了。

　　說了這麼多，影印機到底是在哪個環節釋放的氣味呢？有些小朋友可能已經想到了，肯定是在有高溫的環節，因為高溫下有些物質能發出類似塑膠燃燒的味道，這就是希希在影印店聞到的異味了。

　　希希終於弄懂了影印店為什麼會有怪味，他聽得太認真，早把

肚子餓拋到腦後了。

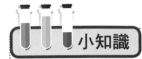

小知識

　　列印機很多種類，有的列印機只能列印出黑色的字，有的列印機能列印出彩色的字。我們已經說過了用碳粉列印的類型，還有一種列印機是用墨水的，它們的個頭比較小，很適合在家裡使用。

超市的防盜工作

　　每次希希跟媽媽去逛超市的時候，都感覺那是一個很神奇的地方，超市裡有那麼多琳瑯滿目的商品，而且每次去都有新的貨品。希希問媽媽：「這麼多的商品，我看著都感覺眼花撩亂，可是，商

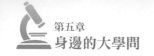

場的人是怎麼有條理地管理這些商品的呢？」媽媽回答：「這裡面的學問可多了，不過今天媽媽就先說一下超市是怎麼防盜的吧！那麼多商品怎麼防盜可是很重要的。」

現在，在超市、書店、購物商場等很多場所，都會安裝警報器，這些安全措施是為了防止商品丟失。我們在收銀臺結帳的時候，售貨員會拿著我們購買的商品在電腦上掃描一下，小朋友們知道這有什麼用嗎？大家如果認真觀察過就會發現，每件商品上都有一個小條碼，這個條碼上有很多或粗或細的豎條，並且下面還有數字，秘密就藏在這個小小的條碼裡面。商品在進入超市之前，就已經被打碼機掃描記錄在了電腦裡，在有客人需要購買這個商品時，售貨員就把這件商品放在解碼機上掃描一下，意思是這件商品已經被解鎖了。解鎖之後的商品檔案會從電腦裡消失。這樣帶著商品經過報警器的話，警報器就不會響了。相反，如果商品沒有解碼，但是有人想要把這件商品帶出超市，警報器立馬就會響。

但是這種防盜方法並不是十全十美的。其實，警報器非常機械，它只認識條碼，如果條碼丟了，磁性被消除了，那麼它就抓不到那個遺漏的商品了。有些不道德的人，會偷偷把條碼給破壞掉，這樣，即使他們不付款走出去，警報器也不會響了。所以，超市裡還會配置其他的安全設備，比如攝影機等。

　　條碼就像一個小管家，保管著商品的名字、出生地、生日等資訊，除了超市裡的商品，還有好多地方用得到它，比如書籍、快遞包裹……條碼的本領是不是很大呢？

消防天使

希希每次經過樓梯口的時候，都會看到有個紅色的圓筒放在那小小的玻璃空間裡，他一直不知道這個是做什麼用的。今天希希跟媽媽一起回家，又在樓梯口裡看到了這個紅色的圓筒，就忍不住問：

「媽媽，這個是做什麼用的？」媽媽說：「希希，這個是滅火器，雖然它現在默默無聞，但是，它的用途可是不可小看的哦！」

滅火器是失火的時候滅火用的。小朋友們想知道滅火器是怎樣滅火的嗎？這還要從物體達到什麼樣的條件才會著火說起。知道著火條件，我們可以想辦法避免這樣的條件出現，並且可以根據這些條件找出有效的滅火方法。

首先要有可以燃燒的物品，然後還要有能夠幫助燃燒的助燃物，通常是氧氣或氯氣，最後一個條件，就是溫度要達到物品的著火點。什麼是著火點呢？就是物品能夠燃燒的最低溫度。比如，要點燃煤塊，可以先點燃一張紙，用紙去點燃木頭，最後用木頭慢慢點燃煤塊，這個順序應用了不同的物品有不同的著火點。只有滿足上面三個條件，物體才能燃燒。那麼，大家想一想，如果真的著火了，我們有什麼辦法滅火呢？

有小朋友會說，如果火太大我們可以報警，讓消防叔叔過來幫忙，如果火小，我們就自己用水澆滅。這種說法沒錯，滅火時主要方法是把易燃物品和助燃物分開，或者把溫度降到著火點以下。小小的滅火器在這樣的關鍵時刻就會派上用場了，把滅火器噴在正在燃燒的物品上，就是將這些燃燒物與空氣（助燃物）分離，這樣正在燃燒的物品缺少了助燃物自然是沒有辦法繼續燃燒了。而消防叔叔是將滅火劑直接噴灑在了燃燒物體上，從而降低了燃燒的溫度（著火點），這樣也可以起到滅火的作用。

現在，希希不僅知道了滅火器的作用，還知道了滅火所運用到的科學知識。

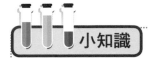 小知識

　　平常大家見到的圓筒形滅火器，很多都是乾粉滅火器。它的圓筒裡裝的是細細的粉末，可以像衣服一樣包裹在著火的東西上，使它們和空氣分開，火就會熄滅了。

建築物頭上的「角」

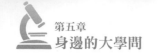

這天，爸爸媽媽帶希希去遊樂園玩。希希玩了早就想坐的摩天輪。坐在高高的摩天輪上向下看，能看到很多建築物的頭頂，這可是平時無法看到的呢！希希觀察了一會兒發現，幾乎每棟建築物的頭頂上都長著一根尖尖的「角」。希希指著一棟大樓問爸爸：「樓頂上的角是幹什麼用的啊？」爸爸告訴希希，那根角是避雷針，它可是保護大樓的衛士呢！

避雷針通常都安裝在建築物的頂部，它的作用不是阻擋雷電，而是讓雲層裡的電流能夠沿著安全的路徑與地面上存在的電荷中和，從而保護建築物，避免它們在雷雨天氣遭到襲擊。具體一點來說，避雷針轉移了雲層中的負電荷的注意力，給它們指引一條道路，讓它們朝著指引的這個方向走，避免雲層中累積過多的負電荷，形成破壞力較大的雷電。避雷針把負電荷的注意力轉移到地上，高樓就能不被雷擊。

其實，中國古人很久很久以前就知道躲避雷電，但是，那時候避雷的設施不叫避雷針。有這樣一個小故事，在漢朝的時候，有一次發生雷電，一道電閃雷鳴，梁殿遭到了火災，大家都不知道什麼原因，心裡很害怕，以為是自己做錯了什麼事，上天降下了懲罰。於是，有人找來一位巫師，這位巫師建議，將一塊類似魚尾形狀的銅瓦片放在屋頂上，就可以防止雷電的襲擊，避免引起火災。人們按照巫師的說法做了，真的沒有再因為雷電引起火災，大家都感覺這個巫師很神奇。

讀完這個故事，小朋友們知道巫師放在屋頂的瓦片有什麼作用了嗎？其實，巫師放在屋頂的瓦片，也具有避雷的作用，我們可以認為古時候的魚尾瓦片就是現代避雷針的雛形。法國的旅行家曾在《中國新事》中有這樣的記載，說中國的屋脊兩頭都裝著一個向上揚起的龍頭，這個龍頭可不是一般的龍頭，它們的口中有曲曲折折的金屬舌頭，朝著天空的方向，舌根連結一根很細的鐵絲，直接通往地下，這也是中國古代的避雷裝置，它們的結構裝置和原理，跟現代的避雷針是很相似的。

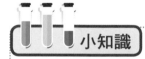 **小知識**

　　雷雨天氣時，帶電的雲是從上往下走的，所以避雷針要安裝在大樓的頭頂，先把雲中的電消除。等雲靠近建築物的時候，就不會因為雷電造成危險了。

到底是「誰」受了傷

　　玩遊戲的時候，花老師教大家一個新成語，叫「以卵擊石」，字面意思就是拿著雞蛋去撞擊石頭，結果石頭安然無恙，可是雞蛋卻粉身碎骨了。希希聽到這突然冒出了一個問題：為什麼粉身碎骨

的不是石頭呢？花老師聽後笑瞇瞇地告訴大家，這裡面涉及到一些科學知識，關於作用力和反作用力。小朋友們可以試一試，在拍打牆壁的時候，自己的小手是不是也會感到痛呢？這就是存在於手和牆壁之間的作用力和反作用力。

我們首先要知道，作用力和反作用力是存在於兩個不同的物體上的，大家心裡對作用力和反作用力要有一個概念，不用按照書本上的那些概念來死記，只要大家明白這個力是從哪發出來，由誰來接收就可以了，發出來的就是作用力，接到這個力又反出去的就是反作用力，是不是很簡單呢？

我們可以找兩塊磁鐵，做一個小小的遊戲，當我們將兩塊大小不同的磁鐵同極慢慢靠近時，可以看到小磁鐵受到了大磁鐵的作用力，它不得不慢慢地往後走，好像大磁鐵在逼著它後退一樣，為什麼呢？這就是不同體積的作用力，大磁鐵的體積大，那麼它發出的作用力相對大一些，但是，小磁鐵發出的反作用力就小一些，它的力量小打不過人家，只能往後退了，這是作用力和反作用力的直觀表現。

再來說說以卵擊石的問題，雞蛋碰石頭的時候，石頭受到了作用力，然後丟給雞蛋反作用力，雞蛋的外殼比石頭脆弱，很容易就破了。換作用鐵球砸石頭，碎的可能就是石頭了哦！這不過是作用力跟反作用力的一小點內容，而這兩個力在日常生活中也是經常能用得到的哦！

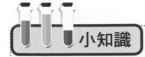

小知識

　　小朋友們想一想，生活中什麼時候會用到作用力和反作用力呢？比如滑冰的時候，我們可以扶著牆或欄杆，然後用力推一下牆或者欄杆，就能滑出去了；還有媽媽做飯的時候，需要打雞蛋，將雞蛋往碗沿上敲一下，雞蛋就破了。類似的情況還有不少呢！

材料也有記憶

　　晚上吃飯的時候，希希把他的筷子在自己的小碗裡來回翻了好幾遍，但就是不見飯減少。爸爸看到之後有些生氣，便問希希為什麼不吃飯？希希說：「我在思考問題。」爸爸問希希：「有什麼問

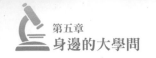

題想不明白，現在連飯都吃不下了呢？」爸爸對難倒希希的問題有了興趣。

希希說：「爸爸，今天老師講了一種遇到溫度升高，就可以自動恢復到自己原來的形狀的記憶材料，但是，它們為什麼能夠恢復到原來的樣子，老師並沒有給我們講，我真的很想知道是為什麼？」

爸爸笑了笑說：「人類是有很強的記憶功能的，小動物也有記憶，植物也有記憶，這些都是有生命的生物，可是，當有人告訴你硬梆梆的材料也會有記憶，你就有些不可思議了，對嗎？你也對記憶材料沒有任何的概念與參照，所以，你才會感到很迷茫，是不是？」希希聽到爸爸這麼說就不停地點著頭。

爸爸摸了摸希希的頭，看著他疑惑的眼神，繼續說：「其實，現在科學這麼發達，有很多大家以為不可能發生的事情都已經發生了，其實，你的老師今天說的記憶材料就是一種叫做形狀記憶合金的材料。你肯定還不知道，這種材料最主要的作用是什麼呢？為什麼我們不常見呢？」

聽到爸爸這樣問，勾起了希希更大的好奇心，他很想趕緊知道答案，眼睛睜得很大，看著爸爸。爸爸說：「我也是查了一些資料才知道的，這種材料的用途可大了。這種記憶材料可以製造人造衛星和太空船上的天線，為什麼說它具有記憶功能呢？如果我們將這種材料做成天線，然後在低溫下將它們揉成一團，最後再將它們放到太空船的船艙內，當飛船正常地進入運行軌道時，具有記憶功能

的天線經過太陽光的照射，溫度升高，就可以自動恢復到原來的形狀。所以說它原來的模樣就是被它記住了。」

希希聽了爸爸對記憶材料的解釋和用途，瞭解了很多知識，也讓他對這個神奇的世界有了更大的好奇心，他真想瞭解更多有趣的事物。

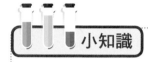

小知識

記憶材料來到我們生活中的時間很短，它是二十世紀六〇年代時被美國科學家研究出來的。現在的記憶材料只能記住自己以前的形狀，也許未來我們能造出更好玩的材料，讓它們記住更多的形狀，像變形金剛一樣，可以變身。

國家圖書館出版品預行編目（CIP）資料

寫給全人類小孩看的科學魔法書／陸含英著 .-- 第一版 .
-- 臺北市：樂果文化出版：紅螞蟻圖書發行，2016.04
　面；　公分 . --（樂繽紛；35）
ISBN 978-986-92792-5-3（平裝）

1. 科學 2. 通俗作品

307.9　　　　　　　　　　　　　　　　105003190

樂繽紛 35

寫給全人類小孩看的科學魔法書

作　　　　者／陸含英
總　編　　輯／何南輝
責　任　編　輯／韓顯赫
行　銷　企　劃／黃文秀
封　面　設　計／張一心
內　頁　設　計／申朗創意

出　　　　版／樂果文化事業有限公司
讀者服務專線／（02）2795-3656
劃　撥　帳　號／50118837 號　樂果文化事業有限公司
印　　刷　　廠／卡樂彩色製版印刷有限公司
總　經　　銷／紅螞蟻圖書有限公司
地　　　　址／台北市內湖區舊宗路二段 121 巷 19 號（紅螞蟻資訊大樓）
　　　　　　　電話：（02）2795-3656
　　　　　　　傳真：（02）2795-4100

2016 年 4 月第一版　定價／299 元　ISBN 978-986-92792-5-3
※ 本書如有缺頁、破損、裝訂錯誤，請寄回本公司調換
版權所有，翻印必究 Printed in Taiwan.